DIE EMPFEHLUNGSFORMEL

100 Techniken, wie Deine Partner Dich erfolgreicher machen

Roman Topp

DIE EMPFEHLUNGSFORMEL

100 Techniken, wie Deine Partner Dich erfolgreicher machen

Roman Topp

Impressum

Roman Topp – Die Empfehlungsformel

© 2018 TOPP Consult GmbH & Co. KG,
www.toppconsult.de

Redaktion: Nachtpeter-Verlag, Leipzig,
www.nachtpeter.de

Layout & Textsatz: Sebastian Schröder, Leipzig

ISBN: 978-3-00-061311-1

Inhalt

Vorwort

Liebe Leserin, Lieber Leser,

mehr als 80% aller Startups und Business-Neugründungen von Selbständigen scheitern in den ersten 5 Jahren. Wenn man den Statistiken und Auswertungen Glauben schenken mag, so wird teilweise sogar von 95% gesprochen. Fatal.

Woran liegt das? Es gibt zwei Hauptgründe:

1. Die Liquidität. Durch mangelnde Finanzmittel ist das Business nicht in der Lage, Wachstum zu finanzieren.
2. Kundenmangel und Kontaktarmut. Das Business gewinnt nicht genügend Menschen für sich, die das Angebot nutzen und es in der Königsdisziplin auch weiterempfehlen.

Die wert- und nachhaltige Frage, die sich jeder Selbstständige also zügig stellen muss, lautet nicht

„Wen kenne ich?"

sondern:

"Wer kennt und empfiehlt mich mit meinem Angebot"?

In Zeiten, in denen Marketingbudgets regelrecht blind verprasst werden, bedarf es zeitloser Methoden, die ohne teures Marketing funktionieren. Insofern tritt der elementarste Baustein, der schon Millionen Menschen erfolgreich machte, in Zeiten von aufkommenden Social Media- Präsenzen jedoch in den Wandel geraten ist, wieder massiv in den Vordergrund: das Netzwerken.

Im Begriff Netzwerk stecken mehrere wichtige Botschaften die zugleich Anleitung und Wegweiser sind.

1. Das „Netz": Spanne ein Netz von Menschen, die eine ähnliche Mission wie Du haben. Weg vom Konkurrenzdenken, hin zu positiver Veränderung unserer (Business-) Welt.
2. Das „Werk": Ein Werk entsteht, indem aktiv Fortschritt und Aufbau erzielt wird. An dieser Stelle sei auf die „großen Vorstellungen" des Lebenswerkes, Schaffenswerkes, Meisterwerkes verwiesen. Alles sind Werke, für die es sich lohnt, am Morgen aufzustehen. So ist es auch mit dem „Netzwerk", wenn Du es sinnvoll anstellst.

Alleine in diesem Wortspiel erkennst Du die Macht eines funktionierenden Netzwerks. Arbeite aktiv daran. Arbeite aktiv an Empfehlungen und sei selber spendabel damit. Nur wer empfiehlt, wird auch empfohlen.

Mit diesem Buch hat Roman Topp, für mich ein Vorbild-Netzwerker und mutiger Pionier in Sachen „innovatives Empfehlen und Netzwerken", ein Werk geschaffen, welches Leser in die Lage versetzt, Kunden zu gewinnen, Umsätze zu steigern und ein Business- und Lebenswerk aufzubauen, dass Dich belohnt.

Es belohnt Dich in Form von Vergrößerung und Erweiterung Deiner Reichweite, Deiner Bekanntheit und Deines Nutzens. Das führt zwangsläufig zu relevanten Ergebnissen. Nutze diese Lektüre unbedingt, um in den Dialog mit dem Autor, Deinem Netzwerk und möglichen Partnern und Kunden zu treten.

Ich wünsche Dir, liebe Leserin und lieber Leser, dass Du mit diesem Buch von Roman reich wirst!

Reich an Netzwerkpartnern.

Reich an Freunden.

Reich an Geld.

Reich an Empfehlungen.

Reich an Erfüllung.

Reich an Tipp und Tricks.

Reich an Erfahrungen.

Reich an Wissen.

Reich an Emotionen.

Denn sei Dir einer Sache Gewiss: Geschäfte werden immer unter Menschen gemacht - und je mehr Menschen Dich mit Deinem Angebot kennen und empfehlen, desto erfolg-REICHER wirst Du sein.

Dir, liebe Leserin, lieber Leser, ganz viel Erfolg und Spaß beim Aufbau und bei der Weiterentwicklung Deines Netzwerks und Unternehmens! Alles Gute für Dich.

Roman, Dir wünsche ich weiterhin Alles Gute und die Erfüllung in Deiner Berufung „Netzwerken".

Herzlichst
Andreas Klar
Business Mentor Nr. 1., Autor, TV-Moderator, Speaker

Andreas Klar ist führender Experte, um Sichtbarkeit zu erhöhen und Kunden zu gewinnen, ohne teures Marketing.

www.andreas-klar.com

Das PiGeiLeon

Geschäftsorientierung hoch
Sozialkompetenz hoch
trainierte und erfahrene Netzwerkprofis
vereinen die Stärken aller Netzwerktypen
sehr aktiv, strategisch und strukturiert
hervorragende Teamplayer
hocheffektiv beim Aufbau von Kontakten,
Geschäftsbeziehungen und Empfehlungsgeschäften
beliebt und erfolgreich

Die Netzwerkmaus

Geschäftsorientierung niedrig
Sozialkompetenz niedrig
häufig Networking-Einsteiger
scheu und unscheinbar
hat Angst, Fehler zu machen
fühlt sich oft unangenehm beobachtet
kommt spät und geht früh
vermeidet Gespräche
hält sich am Rand auf

Der Netzwerkgeier

Geschäftsorientierung hoch
Sozialkompetenz niedrig
häufig geübte und trainierte Verkäufer
sehr energisch und durchsetzungsstark
stark in zielorientierter Kommunikation
verkauft in den Raum
aktiv bis aggressiv
möchte Visitenkarten einsammeln
ist unbeliebt und wird gemieden

Der Netzwerkpinguin

Geschäftsorientierung niedrig

Sozialkompetenz hoch

häufig altgediente Mitglieder von
Gruppen und Veranstaltungen

vertrauenswürdig

sehr kommunikativ

gut vernetzt und hoch angesehen

geringes Interesse an neuen Kontakten

Misstrauen gegen Veränderung

tritt meist in Gruppen auf

meist passiv

nutzt geschäftliche Chancen
nur nach langem Zögern

Das Chamäleon

Geschäftsorientierung hoch

Sozialkompetenz hoch

häufig leidenschaftliche Netzwerker

sehr aktiv

Tendenz zur Oberflächlichkeit

passen sich stark an Gegenüber an

wenig Struktur und Zielorientierung

Schwächen beim eigenen Profil

verspricht viel und hält nichts davon

Lieblingssatz: „Wollen wir uns bei einem Kaffee
näher kennenlernen?"

kapitel 1

DIE 100 TAGE CHALLENGE

AVMZKT

Großartig, Dich hier zu treffen

Lieber Leser, dieses Buch hat genau ein Ziel: Ich will Dich damit noch erfolgreicher machen. Mein Coaching soll Dir auf dem denkbar einfachsten Weg mehr Empfehlungen verschaffen, so dass Du mehr Zeit hast, Dich den Dingen zu widmen, die Du am liebsten tust.

An diesem Anspruch lasse ich mich als Netzwerktrainer messen. Wenn wir uns zwischen diesen Buchdeckeln begegnen, hast du sicher schon eigene Erfahrungen mit dem Potential gut aufgebauter Netzwerke gemacht. Vielleicht beobachtest Du neugierig, wie es bei Freunden und Bekannten in großen Schritten vorwärts geht. Oder Du profitierst in diesem Augenblick selbst von der Arbeit Deiner Netzwerkpartner und hast deswegen Zeit und Muße zum Lesen und für professionelle Weiterbildung.

Es geht noch besser!

Vielleicht hast Du sogar mein Praxishandbuch für Netzwerkveranstaltungen gelesen und Techniken daraus verwendet, um Deinen Zielen wieder einen Schritt näher zu kommen. Auf jeden Fall brauchst Du sicher niemanden, der Dir noch einmal erklärt, warum gute und gut gepflegte Beziehungen mehr wert sind, als die Lizenz zum Gelddrucken. Und warum die Suche nach Deinen Traumkunden am meisten Spaß macht, wenn ein Netzwerk von motivierten Partnern das für Dich in die Hand nimmt. Das weißt Du alles schon.

Also, warum sind wir jetzt hier? Weil es noch besser geht. Sogar bei einem mit allen Wassern gewaschenen Netzwerkveteranen will ich noch eine Schippe drauf legen. Wäre mein Anspruch geringer, könnte ich als Netzwerktrainer einpacken.

Damit Du einschätzen kannst, welcher Wert in den kommenden Kapiteln auf Dich wartet, bitte ich Dich, mich im ersten Kapitel auf eine Reise zu begleiten. Es ist noch gar nicht so lange her, als ich aus eigenen Fehlern gelernt habe, was ich im Anschluss mit Dir teilen werde.

Eine spannende Herausforderung wird zur wertvollen Bauchlandung

Die Grundlage für dieses Buch ist entstanden, als ich Anfang 2017 zur 100 Tage Networking-Challenge angetreten und dabei großartig auf die Nase gefallen bin. Als ich mich entschlossen habe, meine Methoden in einer komplett neuen Umgebung von Null auf umzusetzen, wusste ich nicht, welche Herausforderungen und Erfahrungen auf mich zukommen würden. Ich habe dabei begonnen, mein Handwerk von einer ganz neuen Seite zu betrachten

Einfach anfangen?

Am Anfang stand die Frage einer Studentin. Ich hatte gerade als Gastdozent einen Vortrag über erfolgreiches Networking an der Universität Leipzig gehalten. Die Zuhörer hatten einen tollen Nachmittag erlebt und viele unkonventionelle Ansätze mitgenommen.

Nur ob sie das auch selbst so umsetzen könnten, da waren unsere werdenden Fachkräfte sich nicht so sicher. Auf meine klassische Abschlussfrage, was ich sonst noch für sie tun könnte, kam der entscheidende Satz:

„Herr Topp, brauche ich ein großes Netzwerk, um Netzwerken zu können?"

Ohne Nachdenken kam meine Antwort:

„Nein. Einfach anfangen. Am besten gestern."

Den ganzen Weg durch die Kälte vom Hörsaal durch den verschneiten Campus bis zum Parkplatz ließ mich dieser Satz nicht los. Natürlich ist die Aussage korrekt: Wer erfolgreich sein will, muss früher oder später anfangen, sein Netzwerk aufzubauen. Je früher, desto besser.

Gerade die Kontakte aus der Studienzeit können in zwanzig Jahren Gold wert sein. Vorausgesetzt, wir haben sie entsprechend gepflegt.

Trotzdem hat etwas an mir genagt. Der Spruch, „einfach anfangen", sagt sich leicht, wenn ich auf eine Kontaktliste mit mehreren Tausend Einträgen bauen kann. Doch wie fühlt es sich an, wenn jemand ganz von vorn anfängt? Wenn es jemand an einen neuen Ort verschlägt, wo es noch gar keine Kontakte gibt? Da begann sich die Idee in meinem Hinterkopf abzuzeichnen.

Networking mit Charakter

An dieser Stelle noch kurz ein Wort zu mir. Es gibt eine Sache, die höre ich immer wieder:

„Roman, deine Inhalte sind klasse. Aber als Typ bist Du schon speziell. Wenn man Dich nicht kennt, kann es schwierig sein, Dich richtig einzuschätzen."

Das ist völlig richtig. Und es gibt einen guten Grund dafür, der viel damit zu tun hat, dass ich mir ausgerechnet den Weg als Profi-Netzwerker ausgesucht habe. Ich bin etwas anders als der Durchschnitt. Das war schon immer so. Wenn wir uns bei Gelegenheit persönlich begegnen, wirst Du wissen, was ich meine.

Neugierig auf neue Ufer

Die Prinzipien und Profistrategien, die ich später in meinem ersten Buch beschreiben würde, habe ich von Anfang an in der praktischen Anwendung gelernt. Etwa so, wie ein Mensch, der schwimmen lernt, wenn er in den See fällt. Elevator Pitch? Das gewaltige Potential von Empfehlungen? Die Unterschiede zwischen PiGeiLeons und Mäusen, Pinguinen, Geiern oder Chamäleons? All das hat sich über die Jahre stetig klarer abgezeichnet und seinen Praxiswert in täglichen Situationen neu bewiesen.

Ich war schon als junger Mensch von funktionierenden Netzwerken umgeben, die ich zum großen Teil selbst aufgebaut hatte. Bei der Frage der Leipziger Studentin ist mir klar geworden, dass ich keine Ahnung hatte, wie es sich eigentlich anfühlt, wenn man kein großes Netzwerk hat.

Wie wäre es, wenn ich noch einmal ein ganz neues Netzwerk aufbauen würde? Ich könnte gezielt das gesamte Knowhow einsetzen, dass ich mein Leben lang gesammelt und in den letzten Jahren zu Prinzipien und Techniken zusammengefasst habe. Wie würde ich das angehen? Und was wären die Ergebnisse?

Damit war die Idee für die Challenge komplett: Ich wollte für 100 Tage in eine neue Stadt ziehen, in der ich noch keine Netzwerkkontakte hatte. Die Herausforderung: Ich wollte in dieser Zeit 100 Empfehlungen mit einem Auftragswert von durchschnittlich mindestens 1.000 Euro generieren. So wollte ich die Wirksamkeit meiner eigenen Techniken messen und sichtbar machen. Die Idee gefällt mir nach wie vor. Auch, wenn die Ergebnisse schließlich andere waren, als ich erwartet hatte.

Ich habe dazu in einem Radius von hundert Kilometern rund um Leipzig geschaut. In der engeren Wahl standen schließlich Erfurt und Dresden. Für die Zweitere habe ich mich entschieden, weil die Struktur der Stadt Leipzig sehr ähnlich ist. Es hat etwa dieselbe Einwohnerzahl und mit BNI, BVMW und dem Toastmasters Rethorikklub auch eine sehr gut gepflegte Infrastruktur für Netzwerker. Dresden hat sich angefühlt wie Leipzig mit anderen Gesichtern: Perfekt für diese Challenge. Wie sehr ich den Mentalitätsunterschied unterschätzt habe, durfte ich jedoch sehr bald lernen...

Meine ungewöhnliche Persönlichkeit hat auch die Kommunikation in Partnerschaften nicht unbedingt leichter gemacht, sodass meine damalige Freundin, ihres Zeichens Diplom-Psychologin, irgendwann vorgeschlagen hat, mich mal auf autistische Züge testen zu lassen.

Ich habe also den EQ/SQ Test nach Baron / Cohan gemacht. Dabei wird, vereinfacht gesagt, das Verhältnis zwischen linker und rechter Gehirnhälfte, also zwischen rationaler Logik und emotionaler Intelligenz ermittelt. Das Maximum liegt bei 100 Emotionspunkten. Im Durchschnitt kommen Männer auf 42, Frauen auf 47 Punkte. Das autistische Spektrum beginnt bei 20 Punkten. Ich kam auf 11.

Elf Punkte in emotionaler Intelligenz. Das hat für mich einiges in ein ganz neues Licht gerückt. Mir stand von Haus aus etwa ein Viertel der Empathie eines durchschnittlichen Menschen zur Verfügung, dafür aber deutlich höhere Werte beim logischen Verständnis und bei der rationalen Intelligenz. Ich hatte also gar keine andere Wahl, als von Anfang an bewusst und mit hohem Einsatz zu lernen, wie sich Beziehungen aufbauen und pflegen lassen. Im Privaten wie im Geschäftlichen.

Immer wieder habe ich mir mein Umfeld durch bewusstes und strukturiertes Handeln selbst geschaffen. Praktisch war ich dadurch schon mein Leben lang Netzwerker, auch wenn ich mich nicht so bezeichnet habe.

Networking mit überraschenden Resultaten

Nach etwas mehr als zwanzig Tagen vor Ort war die 100 Tage Challenge Geschichte. In dieser Zeit habe ich für neunzehn Auftragsanbahnungen zwischen neuen Kontakten vor Ort gesorgt. Klingt gut? Leider hatte die Sache einen Haken. Der zurückgemeldete Umsatz lag nach wie vor exakt bei 0,00 €.

Ganze neunzehn Empfehlungen habe ich zwischen Menschen hergestellt, die sich seit Jahren Tag für Tag über den Weg laufen. Wie viele davon wurden auch als Geschäft abgeschlossen und haben für realen Umsatz und eine neue Kundenbeziehung gesorgt? Eine einzige: Als ich meinen Kollegen höchstpersönlich zur Physiotherapeutin meines Vertrauens begleitet habe.

Welche Netzwerker wollen keine Empfehlung?

Ich habe die unbequeme Frage gestellt: Was ist aus all den anderen geworden? Eine Empfehlung nach der anderen habe ich persönlich überprüft und mich nach dem Stand erkundigt. Die Antworten haben mein Weltbild auf den Kopf gestellt: Da gab es die Firma, die aktuell keine neuen Aufträge annimmt. Den Unternehmer, der sich nicht gern in die Plattform einloggt, über die er Kontaktdaten empfangen hat. Und noch einen, der sich nicht ganz sicher war, ob er einen potentiellen Neukunden, den er einmal nicht erreichen konnte, denn ein zweites Mal kontaktieren sollte.

Das Ergebnis hätte ich gut verkraftet, wenn ich zufällig Leute von der Straße gefischt hätte. Aber wir sind ja alle keine Anfänger. Diese Rückmeldungen kamen von erfahrenen Partnern in geschäftlichen Netzwerken! Von Leuten, die im Networking und

Empfehlungsmarketing aktiv sind und sich selbst auf irgendeine Art als Netzwerker begreifen.

Ich muss zugeben: Anfangs war meine Reaktion nicht unbedingt verständnisvoll. Ich war fassungslos. Warum geht jemand auf Netzwerkveranstaltungen, wenn er keine neuen Kunden will? Warum nimmt sich jemand Zeit für ein Gespräch, um Partnern ausführlich das eigene Angebot und die gesuchten Wunschkunden zu beschreiben? Und wenn ich die anschließend frei Haus liefern will, weiß er nicht, was er mit dieser Chance am besten anfangen soll? Doch allmählich hatte sich ein Muster abgezeichnet. Und damit eine neue Erkenntnis.

Fehler sind wie Marmelade: Die besten sind selbstgemacht

Nun hätte ich es mir sehr leicht machen können. Ich hätte meinen geschätzten Partnern und Kollegen aus Dresden die Schuld geben und einfach in eine andere Stadt gehen können.

Doch eine der wichtigsten Lektionen aus dem Jahr 2017 für mich lautete: Wer die Schuld hat, hat die Macht. Deswegen bin ich an den unvermeidlichen Rückschlägen am liebsten selber schuld. Wenn ich den entscheidenden Punkt bei mir finde, kann ich etwas verändern. Also habe ich mir konsequent die Frage nach dem eigenen Denkfehler gestellt und ihn auch gefunden. Bei aller Erfahrung, Planung und Vorüberlegung hatte ich einige Punkte völlig falsch eingeschätzt. Das waren die Möglichkeiten, die Kompetenz und die Motivation meiner neuen Netzwerkpartner.

Wer das Potential von Empfehlungsmarketing ausschöpfen möchte, stellt sich bisher vor allen Dingen eine Frage: Wie kann ich ein besserer Netzwerker werden? Bestimmt ist das auch das Ziel, mit dem Du dieses Buch aufgeschlagen hast. Und das ist auch eine der wichtigsten Fragen, die sich ein Unternehmer in seiner Karriere überhaupt stellen kann. Aber hier ist die Lehre aus der 100 Tage Networking-Challenge: Nur selbst ein besserer Netzwerker werden, reicht nicht.

Ein besserer Netzwerker werden reicht nicht

Das Praxishandbuch für Netzwerkveranstaltungen geht von der gleichen Idealvorstellung aus, mit der ich auch nach Dresden gekommen bin: Wir begegnen anderen Netzwerkern, bauen Sympathie und Vertrauen auf und wenden die richtigen Techniken an. Wenn wir dabei keine groben Schnitzer machen, sprudeln unweigerlich Empfehlungen in beide Richtungen.

Aber damit Du mit Empfehlungen Erfolg haben kannst, muss nicht nur auf Deiner Seite alles passen. Auch bei Deinem Gegenüber müssen bestimmte Voraussetzungen gegeben sein. Was tun wir, wenn unsere Partner nicht motiviert oder aus verschiedenen Gründen nicht in der Lage sind, um eine Empfehlung erfolgreich in einen Auftrag und einen zufriedenen Neukunden zu verwandeln?

Wir verwenden eine gewaltige Menge Kraft und Zeit darauf, die eigenen Fähigkeiten im Netzwerken zu perfektionieren. Das ist die eine Seite der Medaille. Und versteh mich richtig: Die Investition in Deine Kompetenz als Netzwerker hat eine Rendite, von der Du anderswo nur träumen kannst. Aber jede Medaille hat zwei Seiten.

Die andere Seite der Medaille

Was ist auf der anderen Seite? Hast Du Dich schon einmal gefragt, ob Deine Partner auch alle Instrumente zur Verfügung haben, die für Euren gemeinsamen Erfolg gebraucht werden? Ob sie alle Informationen haben, um für Dich in jeder Situation das Beste zu erreichen? Und ob sie so fit und trainiert sind, dass Ihr die volle Wertschöpfung aus Empfehlungen erreichen könnt?

Ich könnte weiterhin wie ein Schmetterling von Blume zu Blume schweben, jeden Tag neue Kontakte aufreißen und hoffen, dass ab und zu ein geübter Netzwerker oder ein Naturtalent dabei ist. Oder ich suche nach einem Weg, wie wir gemeinsam bessere Netzwerker werden können.

Eine neue Art, zu helfen

Das ist das überraschende Fazit aus der 100 Tage Challenge und die Erkenntnis aus einem spannenden Denkfehler. Ein Ergebnis, das ich so nie erwartet hätte. Um das so deutlich vor Augen geführt zu bekommen, musste ich erst mein gewohntes Umfeld und meine Komfortzone weit hinter mir lassen.

In den kommenden Kapiteln werden wir die Empfehlungsformel für professionelles Networking um eine neue Dimension erweitern. Wir untersuchen in aller Kürze die Basics, die sich als Fundament für nachhaltigen Erfolg im Netzwerk erwiesen haben. Danach steigen wir die neun Stufen der Netzwerktreppe nach oben: Mit klaren Ansagen, die Du schon während des Lesens für Deinen geschäftlichen Erfolg praktisch umsetzen kannst.

Ich für meinen Teil habe aufgehört, mich zu beschweren, wenn eine Empfehlung nicht so funktioniert, wie es in den Lehrbüchern steht. Stattdessen will ich den Kontakten in meinem Netzwerk dabei helfen, besser in dem zu werden, was wir zum gemeinsamen Vorteil für einander tun wollen. Oder um es kürzer zu sagen:

Hilf den anderen, Dir zu helfen!

kapitel 2

DIE EMPFEHLUNGS FORMEL

AVMZKT

Es gibt eine Formel, die wichtige Grundlagen für Deinen Erfolg im Business-Netzwerk konkret auf den Punkt bringt. Wenn Du schon einmal zu Gast auf einem BNI-Frühstück gewesen bist, wirst Du wissen, was ich meine:

Kennen – Mögen – Vertrauen

Diese Formel hat mit jeder wertvollen Empfehlung ihre Gültigkeit bewiesen. Nicht umsonst ist das Business Network International das größte und erfolgreichste Unternehmernetzwerk für Empfehlungsmarketing weltweit.

Es leuchtet ein: Unternehmer lernen Dich beim gemeinsamen Frühstück kennen. In lockerer Atmosphäre entwickelt Ihr schnell Sympathie füreinander. Später im Vier-Augen-Gespräch kannst Du den neuen Partner von der Qualität und Zuverlässigkeit Deiner Leistungen überzeugen. Wenn Du dabei die Techniken aus dem Praxishandbuch für Netzwerkveranstaltungen konsequent umsetzt, sollte es mit fliegenden Fahnen vorwärts gehen.

Das hätte ich vor einem Jahr noch ohne jeden Zweifel unterschrieben. Und als eine Seite der Medaille hat es nach wie vor seine Gültigkeit. Doch als ich nach Dresden gegangen bin, habe ich neben meinem Wohnort auch meinen Standpunkt verändert. Mit einem Mal ging es mir nicht mehr darum, Empfehlungen für mich selbst zu erhalten. Mein Ziel war einzig und allein, für Andere das Maximum an Empfehlungen zu ermöglichen. Natürlich hat sich das auch für mich gelohnt, denn eine bessere Werbung für einen Netzwerktrainer kann es ja gar nicht geben.

Dieser Wechsel des Standpunkts ist kein großer Schritt, doch dafür umso seltener: Der Blick geht so in eine Richtung, die im Alltagsgeschäft in der Regel keine Rolle spielt. Wir haben dafür ja normalerweise keinen Anlass. Meistens fragen wir uns ganz natürlich, was wir tun müssen, damit andere uns am besten helfen können. Der Grundsatz, den Systeme wie das BNI in die Mitte stellen, lautet Wer gibt gewinnt. Aber es ist ganz natürlich, dass der Ausgangspunkt für diesen Gedanken das Gewinnen ist.

Auch, wenn wir uns im geschäftlichen Kontext im Geben üben und die effektivsten Arten des Helfens trainieren, ist die Motivation und die Blickrichtung in erster Linie der eigene Gewinn. Schließlich kommen wir bei Netzwerkveranstaltungen nicht als mildtätige Hilfsorganisation zusammen.

Wir geben, um zu gewinnen. Wir treffen uns mit dem Ziel, uns gegenseitig dabei zu helfen, gute Geschäfte zu machen. Würden wir dieses Ziel nicht erreichen, wäre es tatsächlich sinnvoller, die Zeit in gemeinnütziges Ehrenamt zu stecken.

Der eigene Gewinn ist also auch der zentrale Antrieb, wenn wir das Geben trainieren. Das führt dazu, dass wir grundsätzlich aus der Perspektive des Empfängers sehen. Ob Pinguin, Geier oder Chamäleon: Jeder Netzwerktyp achtet darauf, was er selbst mitbringen muss, damit sich die üppigen Zustände, die aus gutem Grund mit Empfehlungsmarketing verbunden werden, auch wirklich einstellen. Den Rest überlassen wir den Anderen.

Partner trainieren Partner

Wie oft hast Du schon die Frage gestellt, was Du brauchst, damit Du für einen Partner in Deinem Netzwerk die bestmögliche Wirkung erreichen kannst? Wieviel Zeit Deiner regelmäßigen Netzwerkarbeit nimmt diese Frage bei Dir ein? Natürlich spielt dieser Gedanke in vielen Trainings und Veröffentlichungen zum Networking eine Rolle. Einige Trainer verwenden bewusst den Ausdruck, dass wir auch unsere Netzwerkpartner trainieren.

Doch inhaltlich sind wir immer wieder schnell bei der gewohnten Perspektive: Was können wir tun, um selbst mehr Empfehlungen zu erhalten? Ich nehme mich da nicht aus. Was wäre ich für ein Netzwerker, wenn Empfehlungen nicht mein vorrangiges Ziel wären? Auch ich in meiner Rolle als professioneller Networking-Trainer habe einen außergewöhnlichen Anlass gebraucht, um einmal konsequent die Blickrichtung zu wechseln.

Nachdem die Challenge Ihren Verlauf nahm, war das für mich Anlass, auch die Erfahrungen aus den Jahren davor noch einmal aus einer neuen Perspektive zu betrachten. Eine besondere Rolle spielte dabei die Erkenntnis, dass ich nicht jedem Partner eine Empfehlung geben kann.

Nicht eine Empfehlung in all den Jahren

Es gibt in meinem engsten Kreis vereinzelte Unternehmer, die trotz allen Bemühungen bisher noch immer nicht empfehlen konnte. Ich kenne sie seit Jahren und mag sie so sehr, dass ich sie herzhaft knuddeln könnte. Ihre Angebote sind wertvoll und über jeden Zweifel erhaben. Aber trotz meiner vierstelligen Zahl an Kontakten konnte ich ihnen in all den Jahren nicht eine einzige Empfehlung geben.

Bei näherem Hinsehen fiel mir auf: Auch ich habe von so einigen, bei denen die Formel Kennen – Mögen – Vertrauen komplett erfüllt ist, noch nie eine einzige Empfehlung bekommen. Wie ist das möglich?

Ähnliches ist während der intensiven Zeit in Dresden passiert: Potentielle Partner vor Ort habe ich dank jahrzehntelanger Übung und guter Strukturen vor Ort schnell kennengelernt. Die Sympathie war sofort da und das Vertrauen in das Angebot ebenfalls. Trotzdem ist der Empfehlungsprozess nicht so reibungslos abgelaufen, wie wir es erwartet hätten. Kennen, Mögen, Vertrauen? Wie es aussieht, reicht diese Formel so noch nicht, um unsere Partner im Netzwerk zuverlässig und regelmäßig empfehlen zu können.

Kennen – Mögen – Vertrauen reicht noch nicht

Beim BNI-Unternehmerfrühstück treffen sich allein in Deutschland in weit über 300 Unternehmerteams jede Woche aktive Netzwerker, um sich gegenseitig Lieblingskunden zu empfehlen. Wenn Du als Mitglied dadurch jeden Monat einen neuen Interessenten findest, zahlen sich Mitgliedschaft und Zeiteinsatz je nach Wert eines Neukunden vielleicht sogar schon mehrfach aus.

Eine echte Empfehlung ist pures Gold. Allerdings scheint sie häufig ebenso selten zu sein, wie die funkelnden Nuggets am Grund eines Gebirgsbachs. Vielen Teilnehmern von Gruppen und Netzwerkveranstaltungen fällt es längst nicht so leicht, für ihre Kollegen eine Empfehlung mit Substanz zu erreichen, wie sie sich das eigentlich wünschen. Diese Erfahrung deckt sich mit der Beobachtung, die ich aus neuer Perspektive so deutlich vor Augen geführt bekam.

Scheuklappen runter und Schluss mit der Betriebsblindheit!

Warum kann ich einige BNI-Kollegen in beinahe wöchentlichem Rhythmus empfehlen? Und bei anderen klappt das überhaupt nicht? Die alte Formel greift nicht weit genug, weil sie nur eine Seite betrachtet.

Ich habe mich also gefragt: Wie müsste eine vollständige Formel aussehen, an der sich messen lässt, ob Du und ich uns schon gegenseitig empfehlen können oder ob wir noch mehr in konkrete, zielorientierte Beziehungsarbeit und Empfehlungstraining investieren sollten? Welche konkreten Techniken können wir nutzen, um die Leerstellen effektiv zu füllen, damit Empfehlungsmarketing wirklich das Potential entfaltet, von dem Du schon so viel gehört, gelesen oder vielleicht auch schon erfahren hast?

Wie ist es mir denn in den vergangenen Jahren gelungen, Geschäfte im Wert von Millionen Euro zu vermitteln? Dort mussten die Antworten liegen. Nach eingehender Analyse erweiterte sich das Spektrum von drei auf sechs Kategorien: Sechs Voraussetzungen, die für eine erfolgreiche Empfehlung erfüllt sein müssen. Die neue Empfehlungsformel für Netzwerker lautet:

$$A + V + M + Z + K + T$$

Zeit für Praxis. Schließlich bist Du nicht hier, um Geschichten zu hören, sondern um Deine persönliche Netzwerk-Kompetenz um entscheidende Bausteine zu erweitern. Wenn Du das ernst meinst, dann mach jetzt mit. Nimm Blatt und Stift und zeichne die Tabelle auf Seite 35 ab.

In die sechs Spalten kommen die Buchstaben der Netzwerkformel. Die zehn Zeilen füllst Du mit Namen von verschiedenen Personen aus Deinem näheren Umfeld. Empfehlungen kommen häufig aus unerwarteten Richtungen. Das ist einer der schönsten Effekte beim Netzwerken. Als Inspiration und für eine möglichst breite Verteilung sind hier fünfzehn Vorschläge, wo Du interessante Namen finden kannst:

Private Kontakte

1: Ein Nachbar: Jemand, den Du grüßt, wenn Du sie oder ihn im Treppenhaus oder in der Nachbarschaft triffst

2: Ein Mitglied Deiner Familie

3: Deine beste Freundin oder Dein bester Freund

Kontakte aus Schule und Weiterbildung

4: Jemand aus der Schule oder der Uni, zu dem noch Kontakt besteht

5: Jemand, mit dem Du zusammengearbeitet hast

6: Jemand, den Du auf einem Seminar, einem Kongress oder einer Messe kennengelernt hast

Dein Kerngeschäft

7: Dein aktueller Lieblingskunde

8: Ein Lieferant, der mit Aufträgen von Dir Geld verdient

9: Ein Wettbewerber, der mit Dir in direkter oder indirekter Konkurrenz steht

Netzwerkveranstaltungen

10: Jemand, den Du bei einer Netzwerkveranstaltung kennengelernt hast und der Dir sympathisch gewesen ist

11: Und gleich noch jemand auf dieser Veranstaltung, den Du am liebsten einmal empfehlen würdest

12: Dazu die Person, die diese Veranstaltung organisiert hat

Wenn Du die 10 Namen noch nicht voll hast, kommen hier 3 weitere Tipps

13: Wem hast Du als letztes erzählt, was Du beruflich machst?

14: Die Person, die Du in Deinem Bekanntenkreis beruflich am erfolgreichsten einschätzt

15: Die Person in Deinem Bekanntenkreis, die Du von all Deinen Kontakten am liebsten empfehlen würdest

Wir sehen uns wieder,
wenn Du die Tabelle fertig hast.

A	V	M	Z	K	T

Du hast zehn Namen auf Deiner Liste? Wenn es weniger sind, ist das auch okay. Du kannst diese Liste für Dich beliebig oft neu erstellen. Für den Moment ist nur wichtig, dass Du einige Namen auf einem Blatt Papier vor Dir liegen hast. Dann wird Dir die folgende Übung voraussichtlich die eine oder andere Erkenntnis bringen. Daher, falls noch nicht geschehen, leg das Buch doch einfach beiseite, hole Dir einen Zettel und zeichne die Tabelle jetzt!

Also los. Lass uns herausfinden, wie leicht oder schwierig es ist, Dir ein funkelndes, glänzendes Nugget in Form einer echten Empfehlung in die Hand zu geben!

A wie Angebot

Alles beginnt mit Deinem Angebot. Wenn Du willst, dass andere Dich empfehlen, dann müssen sie wissen, was sie eigentlich empfehlen. Das klingt banal? Das stimmt. Leider scheitern Empfehlungen oft gerade daran, dass wir die banalsten Voraussetzungen aus den Augen verlieren. In den nächsten Kapiteln wird es auch immer wieder darum gehen, wie wir es schaffen, genau zu wissen, was unsere Partner eigentlich tun.

Kennt der Partner, von dem Du so gern eine Empfehlung bekommen würdest, wirklich Dein Angebot? Kennt er es richtig? Weiß er alles darüber, was bei Neukunden ankommen muss? Hier hilft der Perspektivwechsel ungemein. Wirf einen kurzen Blick auf die Tabelle! Weißt Du über das Angebot Deiner geschäftlichen Kontakte tatsächlich so gut Bescheid, dass du es einem Dritten überzeugend erklären könntest? Ist es andersrum genauso?

Auf vielen Unternehmerfrühstücken, die ich regelmäßig besuche, bemerke ich eine beachtliche Diskrepanz zwischen dem, was der Unternehmer gern sagen würde, und dem, was die anderen verstehen. Erst wenn es zu spät ist und die Empfehlung jemand anders bekommen hat, gibt es die verlegene Klärung. Dann fällt der Satz: Ach, sowas machst Du auch? Dieser Satz ist ein klares Zeichen für unklare Beschreibung des Angebots. Die Einübung einer absolut

Auf einem BNI-Frühstück erfreut ein Finanzberater die Runde jede Woche mit neuen Anekdoten aus der Welt der Altersabsicherung. Oft spricht er dabei von günstigen und ungünstigen, passenden und unpassenden Produkten. Eines Tages war ein Besucher in der Runde. Er hielt einen Fächer Hundert-Euro-Scheine hoch und erklärte: „Mit meiner Nettolohnoptimierung haben Eure Mitarbeiter das im Jahr mehr in der Tasche." Zack, gab es dafür aus dem Stand fünf Empfehlungen. Der Finanzberater aus der Runde konnte das nur schwer verwinden. Wieso gingen diese Empfehlungen jetzt an den Besucher und nicht schon vor Wochen an ihn? Im klärenden Gespräch fiel prompt der berühmte Satz: Nettolohnoptimierung? Ach, das machst du auch?

klaren Kommunikation nimmt in meinen Trainings und Coachings deswegen entscheidenden Raum ein.

Zur Praxis: Schau Dir die Namen in der Tabelle an. Wenn Du der Auffassung bist, dass Dein Nachbar ganz genau verstanden hat, was Du in Deinem Business machst, dann mach ein Häkchen in das Feld. Wenn nicht, dann gibt es kein Häkchen. Im Zweifel kannst Du einen einzelnen Strich setzen.

V wie Vertrauen

Dieser Teil der ursprünglichen Netzwerkformel hat nichts von seiner enormen Bedeutung verloren. Vertrauen ist die wichtigste Währung im Empfehlungsmarketing. Jede Verbindung in einem gut aufgebauten Netzwerk erhält ihre Tragfähigkeit durch das Vertrauen, das in beide Seiten geht.

Deshalb ist auch eine Empfehlung niemals auf die leichte Schulter zu nehmen. Wenn ich eine Empfehlung ausspreche, die sich als Flop oder sogar als windige oder zwielichtige Nummer herausstellt, dann ist das zwar für den potentiellen Kunden sehr unangenehm, aber den wirklichen Schaden habe vor allem ich als Empfehlungsgeber. Denn mein wertvolles Vertrauensverhältnis zu meinem Partner ist gestört und muss durch aktives Handeln von meiner Seite wieder gestärkt werden.

Ich spreche dabei vorrangig vom Vertrauen in das Angebot und in die Qualität der Leistung. Erst in zweiter Linie spreche ich vom Vertrauen in die Person. Ich empfehle Dir ja keinen neuen Freund für den nächsten DVD-Abend, sondern einen geschäftlichen Kontakt. Egal, ob Du damit eine wichtige Dienstleistung, einen neuen Mitarbeiter oder einen Mitstreiter für ein aktuelles Projekt findest.

Ich kann einem Menschen in meinem Umfeld komplett vertrauen. Ich kann ihm bereitwillig meine Kinder, mein Auto und sogar meine Zimmerpflanzen überlassen. Wenn ich dabei Zweifel an seiner Eignung als Unternehmer habe, werde ich Dir diesen Kontakt nie empfehlen.

In meiner Art des Netzwerkens spielt das Vertrauen in die Branche des Empfehlungsnehmers die zentrale Rolle. So haben es die Finanzdienstleister aus verschiedenen Gründen schwerer, Empfehlungen zu erreichen, als das Restaurant um die Ecke. Dazu kommt, dass die verschiedenen Netzwerkertypen, die Du eingangs kurz kennen gelernt hast, unterschiedlich viel Vertrauen aufbauen müssen, um aktiv in den Empfehlungsprozess zu gehen. Genauer werden wir darauf in Kapitel 8 eingehen.

Weiter mit der Praxis: Wer von den potentiellen Netzwerkkontakten auf Deiner Liste vertraut Dir und Deiner Leistung so sehr, dass er Dich seinen Kontakten bereitwillig empfehlen würde? Mach dort ein Häkchen!

M wie Motivation

Das Eine ist, ob jemand von Deiner Qualität überzeugt ist. Das Andere, ob er denn auch motiviert ist und einen guten Grund hat, um Dir eine Empfehlung auszusprechen. Hier ist im unternehmerischen Kontext die gegenseitige Sympathie zwar nicht unerheblich, wesentlich wichtiger ist aber die geschäftliche Stellung zueinander. Deine direkten Konkurrenten und Marktbegleiter würden Dich trotz der Überzeugung, dass Du hervorragende Arbeit leistest und überhaupt ein ganz feiner Kerl bist, kaum an einen ihrer besten Kunden weiterempfehlen.

Es gibt viele verschiedene Kategorien, in die Du persönliche und geschäftliche Bekannte einordnen kannst. Es ist wichtig, diese Kategorien auch danach zu prüfen, ob potentiell die Motivation vorhanden ist, Partnern aus dem eigenen Netzwerk Dein Angebot zu empfehlen. Diese Analyse muss Teil jedes methodischen Empfehlungs-Trainings sein.

Wenn ich mich für einen bestimmten Kontakt im Netzwerk aktiv engagiere, setze ich meine Prioritäten für ihn. Das ist eine Entscheidung, die Folgen hat: Ich investiere Zeit und riskiere eventuell sogar mein eigenes Sozialkapital. Wenn ich höre, dass jemand nach einem Namen sucht, den ich vermitteln kann, dann bin ich möglicherweise so motiviert, dass ich im selben Augenblick schon zum Telefon greife. Aber vielleicht ist auch das Gegenteil der Fall. Möglicherweise habe ich sogar einen Grund, so zu tun, als hätte ich noch nie von dem Gesuchten gehört.

Wir fangen jetzt gleich damit an. Zurück zur Praxis: Mach überall ein Häkchen, wo Du sicher bist, dass die Motivation, Dich zu empfehlen, grundsätzlich vorhanden ist. Ich mag diesen Schritt. Erkenntnisse sind dabei fast immer vorprogrammiert. Wie motiviert schätzt Du die Kontakte auf Deiner Liste ein?

Z wie Zielkunde

Und gleich machen wir mit den ganz dicken Brettern weiter. Sicher kennst Du von Netzwerkveranstaltungen die Frage:

„Wer ist Dein Zielkunde?"

Hier meine zwei Lieblingsantworten:

„Naja, eigentlich jeder."

„Wir bieten XY und unsere Kunden sind alle, die XY suchen."

Ich hoffe ich drücke mich jetzt ausreichend klar aus: Diese Antworten sind fatal! Es gibt so viele schlagende Beispiele, warum diese Herangehensweise nicht funktionieren kann. Bestell in der Pizzeria als Belag „eigentlich alles": Du erhältst ein namenloses Etwas, das sich zwar durch Kreativität auszeichnet, aber absolut ungenießbar ist. Mit an Sicherheit grenzender Wahrscheinlichkeit sind Sardellen, Kapern und Ananas drin. Kombiniere „eigentlich alles" aus deinem Kleiderschrank, und dein Outfit wird vielleicht teuer sein, aber trotzdem nur auf einer Bad-Taste-Party Eindruck schinden.

Ich könnte lange so weitermachen. Jedem leuchtet das sofort ein. Trotzdem lassen im Geschäftsleben so viele gestandene Profis diese Tatsache völlig außer Acht. Der Grund ist nachvollziehbar: Wenn ich mich für einen entscheide, dann entscheide ich mich gegen alle Anderen. Das schränkt ein. Es schneidet Möglichkeiten für die Geschäftsentwicklung ab und das macht erst mal Sorge. Vor allem in einer Situation, in der dringend Neukunden und ausreichender Umsatz generiert werden müssen.

Zur Praxis: Was passiert in der Tabelle? Die Eine-Million-Euro-Frage lautet nicht, ob Du selber Deinen Zielkunden kennst. Du darfst Dich nun fragen: Wissen Deine Kontakte genau, bei welcher Empfehlung Dein Herz einen Luftsprung macht? Dann darfst Du die nächsten Häkchen machen.

K wie Kontakt

Eine weitere, sehr gern unterschätzte Voraussetzung für funktionierendes Empfehlungsmarketing. An dieser Stelle lag in einigen Fällen, in denen ich selbst trotz größter Motivation keine Empfehlungen geben konnte, der Hund begraben.

Sagen wir, Du restaurierst historische Zupfinstrumente und bist ein absoluter Meister Deines Fachs. Nehmen wir weiterhin an, die Musikalität wäre unter meinen zahlreichen Stärken eine Leerstelle. Es könnte natürlich passieren, dass ich demnächst mit dem Danish String Quartet im Fahrstuhl eingeschlossen werde. Dann werde ich Dich definitiv erwähnen. Ein lohnendes Ziel für Deine zentralen Networking-Aktivitäten bin ich trotzdem nicht.

Wir bauen das Beispiel ein bisschen um. Sagen wir, ich baue meine gelegentlichen Comedyauftritte als zweites Standbein aus. Nun stehe ich häufig auf diversen Bühnen. Bei jedem zweiten Auftritt ist barocke Kammermusik mit wechselnden Ensembles Teil des Programms. Auf einmal werde ich für Dich als Restaurator schon interessanter.

Die Branche, die regelmäßigen Begegnungen im geschäftlichen Kontext und die Regionen, in denen wir uns bewegen, sind Möglichkeiten, um mit potentiellen Interessenten in Kontakt zu kommen. Darüber hinaus gibt es noch wesentlich mehr. Diese Kriterien zu finden und für zielgenaues Empfehlungsmarketing nutzbar zu machen, sind ein wichtiger Trainingsinhalt.

Anfangen kannst du damit jetzt und hier: Schau Dir an, welcher Name auf Deiner Liste Kontakt zu Deinen Wunschkunden hat. Mach dort wieder ein Häkchen.

T wie Training

Und schon sind wir bei der Kür. An diesem Punkt machst Du aktiv den entscheidenden Unterschied. Wenn alle anderen Häkchen gesetzt sind, aber dieses Feld ist leer, dann bleibt die Wirkung trotz aller bisherigen Anstrengungen weit hinter den Möglichkeiten zurück.

Wer weiß am allerbesten, wo die entscheidenden Stärken Deines Angebots liegen und in welcher Situation sie auf welche Weise optimal zur Sprache kommen? Du hast es erraten. Wenn meine Partner wollen, dass ich für sie das effektivste Networking mache, dann sind sie gleichzeitig die Besten, um mich darin zu trainieren. Wenn Du für den eigenen Erfolg das denkbar beste Team haben willst, musst Du selbst sein Trainer sein!

Jetzt wieder Praxis: Mach in der Tabelle überall ein Häkchen, wo Du denkst, dass Deine Partner bereits top fit und trainiert sind, um für Dich, wenn es drauf ankommt, das Optimum zu erreichen!

Einer von den geschätzten Freunden und Netzwerkpartnern, die ich bisher kaum mit Empfehlungen bedenken konnte, ist Thomas Diekmann. Er ist spezialisiert auf die Art von Küchen, die schon fast zu schön sind, um sie beim Kochen schmutzig zu machen. Seine Lieblingskunden sind entsprechend anspruchsvoll.

Folgende Szene: Ich bin zu einem Meeting zu Gast im Privathaus eines Geschäftspartners. Alles ist vom Feinsten: Stuck, Marmor und an den Wänden der eine oder andere Alte Meister. Ich gehe also ehrlich bewundernd von Raum zu Raum und schließe mit dem Fazit: „Echt schönes Haus, tolle Bilder und so. Der Wein ist auch Klasse. Aber deine Küche, die ist echt hässlich."

Besser nicht. Das mag ja stimmen. Aber es gibt elegantere Möglichkeiten, um Thomas und seine Traumküchen ins Spiel zu bringen.

Wie viel Netzwerk willst Du?

Lass uns die Ergebnisse auswerten! Wie sieht Deine Tabelle aus? Hast Du eine Zeile, in der jedes Kästchen mit einem Kreuz versehen ist? Prüfe noch einmal nach, ob dort wirklich jedes Kreuz hieb- und stichfest ist. Wenn das so ist, dann herzlichen Glückwunsch!

Hier ist Dein Netzwerker!

Möchtest Du Dich mit diesem schönen Erfolg zufrieden geben? Dann kannst Du jetzt das Buch schließen. Geh los und schau, was diese Person für Dich tun kann und welche Möglichkeiten Du hast, um Dich für ihren Einsatz zu revanchieren.

Oder Du liest weiter und lernst die Netzwerktreppe kennen. Dort erwarten Dich in kompakter und umfassender Form die wichtigsten Strategien und Techniken, die es Dir ermöglichen, ein ganzes Adressbuch mit Kontakten zu füllen, bei denen in jedem Feld der Empfehlungsformel ein großes, grünes Häkchen steht. Bereit? Dann lass uns auf der Netzwerktreppe nach oben steigen!

ROUTINIERTER ERFOLG

MIT ERFOLGS- ROUTINEN

kapitel 3

Alle erfolgreichen Unternehmer, die ich jemals kennenlernen durfte, haben zwei Dinge gemeinsam: Die richtige Einstellung und Erfolgsroutinen. Du willst motiviert und kraftvoll Schritte gehen und mehr Erfolg mit Empfehlungen haben? Ob Du dabei vorwärts kommst, auf der Stelle trittst oder für jeden Schritt nach vorn zwei zurück machst, ist mehr als eine Frage der Technik. Es hängt auch davon ab, ob Du auf festem Grund unterwegs bist.

Strukturen, Gewohnheiten und Glaubenssätze

In diesem Kapitel analysieren wir strukturiert die Voraussetzungen, damit Du als Netzwerker durchstarten kannst. Diese Vorarbeit ist noch kein reines Networking. Viele dieser Punkte kannst Du so oder ähnlich auch in anderen Business-Kontexten anwenden. Sie sind so wichtig, dass ich sie Dir an dieser Stelle in Form von 10 Erfolgsregeln als Bonus dazugebe.

Ich erlebe immer wieder, dass Menschen zu mir kommen, um effektives Netzwerken zu lernen. Nach mehreren intensiven Coaching-Terminen stellen wir fest, dass anstelle der Methoden und Techniken des Networking für den Klienten etwas anderes im Mittelpunkt steht. Der Wurm ist an einer ganz anderen Stelle drin: Ungünstige Haltungen, Gewohnheiten und Glaubenssätze machen die beste Netzwerkstrategie zunichte.

Ich will, dass die Dinge, die Du von mir lernst, Dich wirklich weiterbringen. Alle Strategien und Techniken nützen Dir nicht das Geringste, wenn Du sie aus irgendeinem Grund nicht in die Tat umsetzen kannst. Dann nimmst Du wertvolles und auch ziemlich teures Wissen auf, als würdest Du Wasser in ein Sieb schütten. Für diesen Spaß sind die Wasserpreise einfach zu happig. Mit den richtigen Routinen stellst Du sicher, dass Dein wertvolles Wissen dort ankommt, wo es hingehört: In Deiner täglichen Praxis.

Arbeit an den richtigen Baustellen

Wer die eigenen Routinen vernachlässigt, fällt früher oder später über die eigenen Füße. Hast Du Erfolgsroutinen? Jetzt ist der Moment, diese Frage mit offenen Augen zu stellen und für nachhaltigen Erfolg ein festes Fundament zu legen.

Welche Bereiche erhöhte Aufmerksamkeit verlangen, lässt sich einfach in Erfahrung bringen. Es sind die Punkte, an denen wir im Alltag immer wieder hängen bleiben. Ärgerlich nur, dass wir uns das meist nur ungern eingestehen. So laufen wir Gefahr, an der falschen Baustelle zu arbeiten.

Das Feedback von Freunden und Bekannten hilft hier nur begrenzt weiter. Zu oft geben uns die Menschen in unserer näheren Umgebung unkritische Bestätigung, völlig egal, wie kritikwürdig eine Entscheidung möglicherweise ist. Oder sie begegnen im Gegenteil jedem neuen Impuls mit gewohnheitsmäßiger Ablehnung.

Neue Erfolgsroutinen lernst Du von neuen Menschen, die sie selbst erfolgreich anwenden. Über meine eigenen Fragen habe ich mich viel mit meinen Lehrern, Mentoren und auch mit Partnern und Kontakten in meinem Netzwerk ausgetauscht. Kritik gab es in diesen Gesprächen zur Genüge, aber auch ehrliche Aufmerksamkeit und wertvolle Einblicke in die Erfahrungen anderer Unternehmer, die konsequent ihren Weg gehen.

1. Positive Einstellung

Von Dr. Joseph Murphy stammt der Bestseller Die Macht des Unterbewusstseins. Er fiel mir mit 13 Jahren in die Hände. Und es hat mein Leben verändert. Der Inhalt lässt sich in einem knappen Satz zusammenfassen: Du wirst schaffen, was Du glaubst. Deswegen lohnt es sich, Gutes zu erwarten. Diese positive Grundhaltung ist mit der klaren Zielorientierung eng verbunden.

Grundsätze wie die Macht des positiven Denkens werden von vielen gern mit einer gehörigen Portion Zynismus als Plattitüde abgetan. Dabei ist Vorsicht angebracht: Hinter dem lässig-ironischen "Ja, ja, kenn ich..." stehen hartnäckige Glaubenssätze, die uns das Leben solange schwer machen, bis wir es wagen, uns damit wirklich auseinanderzusetzen. Kleine Auswahl gefällig?

Ich kann nicht...

Das geht nicht...

Ich werde immer nur...

Dazu fehlt mir leider...

Ich würde ja gern, aber...

Wir sind gut darin, uns selbst durch Denkmuster und Gewohnheiten im Moment des kühnen Absprungs ein Bein zu stellen. Nun sollte es einfach sein, das anzusprechen und zu verändern. Aber häufig klammern sich die hinderlichen Denkmuster hartnäckig fest und sind kaum totzukriegen. Viele Menschen verteidigen sogar unbewusst ihre eigenen Begrenzungen.

Das ist auch gar nicht überraschend, sondern sehr menschlich. Dahinter steht nichts anderes, als das Bedürfnis, schwierigen und unangenehmen Themen aus dem Weg zu gehen und zum nächsten Punkt der Tagesordnung überzugehen.

Trotzdem ist es eine schlechte Idee. Denn so schleppen wir diese Themen mit an Orte, wo sie nichts zu suchen haben. Zum Beispiel auf eine Netzwerkveranstaltung. Diese Erfolgsroutine heißt also: Hinterfrage deine Haltung und kultiviere eine positive Einstellung!

Hebe den Durchschnitt

Um das umzusetzen, sind manchmal harte Entscheidungen notwendig. Jeder von uns ist der Durchschnitt der fünf Menschen, mit denen wir uns am häufigsten umgeben. Bist Du von Menschen umgeben, die

Dich immer wieder pushen, Dich positiv herausfordern und dazu motivieren, das Beste was in Dir steckt, Wirklichkeit werden zu lassen? Oder zieht Dein Umfeld im Gegenteil Energie ab und erstickt jeden Aufbruch im Keim?

Wenn Du der Durchschnitt Deiner fünf nächsten Menschen bist, dann hast Du das selbst in der Hand. Hebe den Durchschnitt und trenne Dich, wenn es nötig ist, konsequent von Menschen, die Dich blockieren!

Murphys anderes Gesetz

Es war ein anderer Mann mit dem gleichen Nachnamen, der als Luftfahrt-Ingenieur die Verantwortung hatte, alle Eventualitäten mitzudenken. Edward A. Murphy hat den Satz geprägt, der als Murphys Gesetz berühmt geworden ist:

Alles, was schief gehen kann, wird auch schief gehen.

Das ist nicht nur lustig. Es bewahrheitet sich auch immer wieder in genau den Momenten, in denen wir es am wenigsten gebrauchen können. Doch mir ist der Umkehrschluss viel wichtiger, wie er in Die Macht des Unterbewusstseins beschrieben wird: Wenn Du fest davon überzeugt bist, erfolgreich zu sein, dann wird genau das auch eintreten. Ich erlebe seit Jahren, wie sich dieses Gesetz als gültig erweist. Und ich lade Dich ein, das Gleiche zu tun.

Viele Bücher haben seitdem mein Leben gekreuzt:

Bestellung beim Universum

Das Masterkey System

The Secret

Denk nach und werde reich

So denken Millionäre

Das sind nur einige der wichtigen Inspirationsquellen, die ich Dir auch uneingeschränkt empfehle. Alle haben im Kern dieselbe Botschaft. Trotzdem musste ich es immer und immer wieder lesen. Und danach musste ich es noch einmal von meinen Mentoren eingehämmert bekommen. Erst dann war ich in der Lage, die simple Wahrheit einfach zu akzeptieren: Deine Gedanken bestimmen Deine Ergebnisse. Wir steuern das Universum mit unseren Gedanken.

Jedes Mal, wenn ich dieses Thema im ersten Modul des MasterMindClubs anspreche, bin ich gespannt auf die Reaktionen. Ist das für den einen oder anderen Teilnehmer zu herausfordernd? Bisher haben sich alle Clubmitglieder für diese Erfahrung geöffnet. Du, lieber Leser, hast nun 3 Möglichkeiten:

1. Du tust diesen Punkt als Humbug ab. Das ist okay. Die anderen, bodenständigeren Kapitel dieses Buches werden Dir umso mehr gefallen.

2. Du liest all diese Bücher und bildest Dir eine eigene Meinung.

3. Oder Du vertraust mir einfach und probierst zwei Dinge ab jetzt selbst aus: Fordere die Welt durch Dein positives Denken heraus und zeige viel Dankbarkeit.

2. Streiche das Wort NICHT aus Deinem Wortschatz!

Eine faszinierende Methode, um die Einstellung zu finden, die für Erfolg notwendig ist, befasst sich mit dem unscheinbaren Wort nicht. Es ist eine Tatsache, dass die meisten von uns ein Faible für die Verneinung haben. Versuch doch mal, das nächste Gespräch ohne dieses Wort zu bestreiten. Und zähl mit, wie oft es Dir unmöglich vorkommt.

Dabei lässt sich jede Aussage so umformulieren, dass dieses Wort und der Gedanke dahinter gar nicht nötig ist... In diesem Fall zum Beispiel, indem wir sagen: Jede Aussage lässt sich so formulieren, dass wir das eine, kleine und doch so wirkmächtige Wort durch eine positive Formulierung ersetzen. Was wie eine Sprachspielerei aussieht, hat drastische Auswirkungen auf unsere Sichtweise und Einstellung und auf den gesamten Gesprächsraum.

Der Grund dafür ist die veränderte Perspektive hinter den verschiedenen Formulierungen. Bei der Verneinung richten wir den Blick auf ein Objekt, das wir vermeiden wollen und dem wir ausgesetzt sind. Diese Haltung ist eine passive Reaktion. Wir reagieren, sind Beobachter und Opfer unserer Gedanken. Tatsächlich sind negative Formulierungen geeignet, genau das, was verneint werden soll, ins Leben zu ziehen.

Wir hören solche Sätze manchmal im Alltag und sie verstimmen uns zu Recht: „Herr Kunde, ich würde mich niemals an Ihnen bereichern. Darum ist das kein schlechtes Angebot und finanziell besteht für Sie überhaupt kein Risiko!" Oder der hier: „Das ist jetzt nichts gegen Dich, aber..." Welche Signalwörter sind hängengeblieben?

Spiele jedes Spiel, um zu gewinnen! Spiele nie, um nicht zu verlieren! Gedanken und Worte stehen in einem sehr engen Zusammenhang. Wenn Du negativ formulierst, siehst Du vor Dir, was Du nicht willst. Und damit erreichst Du genau das. Sobald Du aber positiv formulierst, siehst Du, was Du erreichen willst. Und so erreichst Du es auch.

In meinem Seminar bitte ich die Teilnehmer, die Augen zu schließen und NICHT an einen roten Ferrari zu denken. Insbesondere NICHT einen Ferrari aus der Formel 1, der NICHT in die Boxengasse fährt und dort NICHT die neuen schwarzen Reifen an den roten Ferrari montiert bekommt. Und dann frage ich, wer einen blauen Opel Corsa gesehen hat.

Das Universum und all die Menschen darin neigen dazu, jedes NICHT zu ignorieren und uns genau das zu geben, was danach noch übrigbleibt. Rufe einem vierjährigen Kind auf dem Spielplatz zu: „NICHT dem anderen Kind mit der Schippe auf den Kopf hauen!" Brüll Deine Katze an: „Schmeiß NICHT das Glas vom Tisch!" Sag Deinem Lebensabschnittspartner: „Vergiss NICHT die Theaterkarten!"
Was glaubst Du, passiert als nächstes?

3. Ziele schriftlich fixieren

Eine Langzeitstudie der amerikanischen Elite-Universität Harvard hat die Zusammenhänge zwischen der Zielorientierung von Schülern und Studenten und ihrem zukünftigen Lebensstandard untersucht. Mit 83 Prozent der jungen Leute hatte die große Mehrheit keine klaren Vorstellungen, welche Ziele sie in ihrem Leben erreichen wollten. Weitere 13 Prozent konnten ihre Ziele immerhin mündlich formulieren. Nur 3 Prozent hatten ihre Ziele aufgeschrieben und so in eine bleibende Form gebracht.

Das Ergebnis ist eindrucksvoll: Die kleine Gruppe von Studenten, die ganz genau wussten, wonach sie streben und was sie erreichen wollen und die das auch klar formuliert und schriftlich festgehalten hatten, waren später mit Abstand die Erfolgreichsten. Im Durchschnitt erzielte diese Gruppe das Zehnfache des Einkommens, das die große Gruppe der Unentschlossenen erreichte.

Wale und Quallen

Menschen, die ihre Ziele konkret formulieren und visualisieren, haben deutlich höhere Chancen auf Erfolg. Ich denke dabei an Wale und Quallen. Beide können auf ihren Reisen durch den Ozean den ganzen Erdball umrunden. Aber es gibt einen wichtigen Unterschied: Ein Wal weiß was er will und was er braucht und er schwimmt genau dorthin, wo es ihm gut geht. Quallen lassen sich von den Gezeiten treiben. Sie haben manchmal Glück. Oft enden sie als Trittfalle am Badestrand. Ich muss wahrscheinlich nicht fragen, mit wem Du Dich lieber identifizierst?

Wir werden ein Ziel nur dann erreichen, wenn wir es auch kennen und immer deutlich vor Augen haben. Wer selbst nicht so richtig weiß, was er erreichen will, dem fällt es umso schwerer, von anderen dafür Empfehlungen zu erhalten. Ich habe jahrelang in den Tag gelebt und deswegen meine Ziele nicht erreicht. Jetzt setze ich mir täglich ein Hauptziel und schreibe das auf. Dazu fünf Nebenziele. Wenn ich davon nur drei oder vier erreiche, ist das auch völlig in Ordnung.

Aus einem klaren Ziel erwächst unersetzliche Motivation und Tatenergie. Menschen überschätzen, was sie in einem Jahr schaffen können. Doch sie unterschätzen, was sie in zehn Jahren schaffen können.

Wo ist das X auf Deiner Karte?

Wenn eine negative Perspektive schon im Allgemeinen gefährlich ist, dann gilt das noch wesentlich mehr, wenn es um Deine Ziele geht. Der Wunsch, von einem Ort oder einem Zustand wegzukommen, hat keine Kraft, mit der wir einen wünschenswerteren Ort erreichen. Dieser Wunsch führt meist nur vom Regen in die Traufe.

Ein richtiges Ziel ist anders. Es ist wie eine Schatzkarte mit einem unübersehbaren X an der Stelle, auf die es wirklich ankommt. Im Kapitel zu Mission und Vision wirst Du den Ort mit dem X unübersehbar auf Deiner inneren Landkarte markieren. Wir werden uns intensiv mit der erweiterten SMART-PT-Formel beschäftigen und so herausarbeiten, wie die optimale Grundlage für die Formulierung Deiner Ziele beschaffen ist.

4. Zielkonsequenz und Wegtoleranz!

Was ist der kürzeste Weg zwischen zwei Punkten? Ok, das ist einfach. Aber ist das auch immer der beste Weg? Vom Wasser können wir viel lernen. Der Rhein fließt nämlich aus einem guten Grund nicht in einer geraden Linie vom Bodensee in die Nordsee. Er macht immer dort eine Kurve, wo ihm etwas den Weg versperrt.

Kurskorrekturen sind völlig ok! Wenn es auf dem Weg ein Hindernis gibt, dann kannst Du mit dem Kopf durch die Wand gehen, oder einen leichteren Weg suchen. Ich empfehle Dir letzteres. Sei deswegen tolerant bei dem Weg, auf dem Du Dein Ziel erreichst. Doch behalte Dein großes Ziel, Deine Mission, immer vor Augen!

FEHLer als Erfolgsbeschleuniger

(oder: Booster für Deine Persönlichkeit)

Mit FEHLern ohne Tadel

Um erfolgreich zu sein, ist es notwendig anzufangen. "Und jedem Anfang wohnt ein Zauber inne, der uns beschützt und der uns hilft zu leben." Hermann Hesse, 1941. Und doch fällt es vielen Menschen sehr schwer, den ersten Schritt zu tun.

Mein Name ist Marco Fehl. Wenn ich am Telefon meinen Namen nenne, dann sage ich das stets auf die gleiche Weise: "Fehl, so wie Fehler ohne ‚e-r' am Ende.".

Und doch hat es viele Jahre gedauert, bis ich die Potenz von Fehlern bewusst entdeckt, verstanden und nutzen gelernt habe. Mittlerweile ist genau das Thema „Fehler" einer meiner liebsten Business-Hacks, mit denen viele Selbstständige so richtig zu ihrem persönlichen Erfolg durchstarten. Einige werden, so wie ich damals, unfassbar schnell plötzlich vom Selbstständigen zum Unternehmer. Von einem Moment auf den anderen engagieren sie sich nicht mehr im Unternehmen, sondern am Unternehmen. Andere erreichen in ihrem Leben ein neues Level an Lebensqualität. Mitarbeiter in Firmen werden auf einen Schlag zu Erfolgsmaschinen der positiven

Unternehmensentwicklung. Was genau ist einer der wichtigsten Unterschiede zwischen erfolgreichen Menschen und denen, die im Mittelmaß bleiben?

Tippe jetzt die Webadresse www.marcofehl.de/ erfolgsgeheimnisse in Deinen Browser und melde Dich an, um an meinem kostenfreien dreiteiligen Online-Kurs teilnehmen zu dürfen. Ein erster Schritt für mehr persönlichen Erfolg.

Der Meister der Kampfkunst hat so viele Fehler gemacht wie keiner seiner Schüler.

Er hat es geschafft, trotz der vielen Niederschläge, aufzustehen und es wieder und wieder zu tun.

Welche Ursache hat das? Das Problem ist nicht das Problem. Sondern die Einstellung zum Problem ist das Problem. Übertragen bedeutet das: Der Fehler ist nicht das Problem. Die Einstellung zum Fehler ist das Problem. Ein Fehler ist nicht mehr, aber zum Glück auch nicht weniger als ein erfolgreicher unerfolgreicher Versuch. Was ist am Scheitern erfolgreich?

Stell Dir selbst die Frage: Was habe ich aus meinen größten Fehlern gelernt? Viel oder wenig?

Wenn also großer Fortschritt misslungener Versuche bedarf, dann ist ein Fehler was?

Stell Dir vor, im Online-Bereich eine Maschine installieren zu wollen, die Dich finanziell frei macht. Du probierst einen Weg aus. Er klappt nicht. Jetzt hast Du die Wahl: Ärgerst Du Dich? Oder freust Du Dich, weil Du einen weiteren Weg herausbekommen hast, wie es nicht funktioniert? Machen wir uns nichts vor, es ist nur eine Frage der Zeit und des bewussten Lernens, bis Du das Ziel erreichen wirst. Schätze den Wert eines Fehlers. Vollbringe lösungsorientiert den nächsten Schritt. Erreiche in Höchstgeschwindigkeit Dein Ziel.

Solltest du stattdessen lange und ausführlich am Misserfolgserlebnis kleben und jammern, dann ist das nichts anderes als verschenkte Lebensqualitätszeit. Und noch schlimmer: Durch zu langes Durchdenken fangen manche Menschen gar nicht erst an, einen Schritt zu machen. –

Sie könnten ja scheitern. Wenige erkennen und lassen es zu, dass jedes Scheitern, jeder Fehler, ein weiterer bedeutender Schritt zur Zielerreichung ist.

Kinder sind aus meiner Sicht die wahren Genies und große Vorbilder im förderlichen Umgang mit Fehlern für uns Erwachsene. Einem Baby, das Laufen lernen will, gelingt dieser hochkomplexe Prozess in atemberaubender Geschwindigkeit.

Man stelle sich vor, nach zwei misslungenen Gehversuchen würde das Baby sagen: „So ihr lieben Eltern, ich habe das nun zweimal versucht, fragt mich in zwei Jahren nochmal, vielleicht probiere ich es dann erneut." Nein, ein Baby bemüht sich aufzustehen, es fällt hin. Oft macht es den gleichen Fehler mehrmals, solange bis sich das Erlebnis oft genug wiederholt hat, um es als Erfahrung abzuspeichern: So klappt es nicht. Nächster Versuch, ein wenig anders.

Und irgendwann gelingt es. Sicher. Warum sollte es auch nicht klappen? Schlimm nur, wenn einige Erwachsene im Umfeld, die es gut meinen, das Fehlermachen verhindern. Welche Auswirkung hat also eine missgünstige Haltung zu Fehlern? Im schlimmsten Fall fange ich gar nicht erst an. Fast genauso schlimm, ich höre nach wenigen Versuchen schon auf, es weiterhin zu probieren und zu lernen. Endlich anfangen, endlich wieder im Tempo von Kindern Entwicklung im eigenen Leben und seiner Firma gestalten? Melde Dich an unter:

www.marcofehl.de/erfolgsgeheimnisse

5. Visualisierung

Erinnere Dich kurz daran, was Du über Zielsetzung erfahren hast. Was hat den gravierenden Unterschied zwischen den Gruppen von Harvard-Absolventen gemacht? Die Studenten der erfolgreichen Gruppe hatten klar und konkret vor Augen, was sie erreichen wollten. Visualisierung ist eine mächtige Technik, die Du unbedingt als Erfolgsroutine anwenden solltest.

Visualisierung passiert nicht von allein. Es ist ein kreativer Prozess, der Energieeinsatz, Zeit und Entschlossenheit fordert. Unterstütze den Prozess der Visualisierung, indem Du in Gedanken eine klare Vorstellung formst und die dann auch in eine feste und bleibende Form bringst.

Ziele aufzuschreiben ist einfach und wirkungsvoll. Noch stärker sind Bilder. Das Visionboard ist eine Collage mit Bildern, Notizen und anderen festen Zeugnissen zu einem Ziel, das Du in exakt dieser Form erreichen willst. Nutze diese Technik mit Bedacht! Mehr als einmal waren Menschen schon sehr überrascht, mit welcher Exaktheit das so Beschriebene wirklich geworden ist.

6. Dankbarkeit

Jeder erlebt Momente, wenn die guten Vorsätze wanken, Routinen bröckeln und zähe, negative sich ungefragt breit machen. Eins der besten Gegenmittel in diesen Augenblicken ist so einfach, dass es sich in zwei Silben zusammenfassen lässt: Danke.

In fast jeder weltanschaulichen Weisheitslehre spielt die Dankbarkeit eine zentrale Rolle: Vom Zen-Buddhismus bis zum Christentum und von den antiken Philosophen wie Aristoteles bis zu modernen Denkern wie Dr. Joseph Murphy. Wer eine Haltung der Dankbarkeit einnimmt, lässt alle Lasten, die ihn beschweren – und die ihn nebenbei auch dazu bringen, sich ständig selbst zu beschweren – mit einer einfachen Geste abfallen.

Nun ist die Einübung von Dankbarkeit nicht so leicht, wenn die gewohnte Perspektive dem entgegensteht. Doch wie andere Einstellungen lässt sich auch Dankbarkeit bewusst im Gespräch kultivieren: Indem Du auf Gelegenheiten achtest, das Wort zu verwenden, und abbrichst, wenn innerlich die Beschwerde-Routine anläuft.

Noch wirkungsvoller sind folgende Übungen und Formen, die sich fest in den persönlichen Alltag integrieren lassen.

Dankesglas und Dankes-Collage

In das Dankesglas kommt immer, wenn Du etwas Schönes erlebst, ein Zettel mit einer kleinen Notiz als Erinnerung. Die Handlung des Aufschreibens hilft ebenso bei der Transformation der eigenen Haltung, wie der Blick auf das gut gefüllte Glas nach den ersten Wochen.

Noch stärker wirkt die Dankes-Collage. Geeignet sind Flipchart-Blätter oder große Bögen Packpapier. Das optimale Format dafür ist A1. Vertrau mir, Du wirst viel Platz brauchen. Darauf klebst Du Notizen, Bilder, Briefe, kurz alles, was Dich an die wertvollen Erfahrungen im Jahr erinnert. Halte die schönsten Augenblicke mit dem Smartphone fest und drucke die Fotos für Deine Collage aus! Lass sie auf die Weise, die für Dich schön und authentisch ist, immer weiter wachsen!

Das Dankesglas lässt sich großartig mit Deiner Tradition für den Jahresrückblick verbinden. Ein Geschäftsfreund von mir nutzt die Zeit zwischen Weihnachten und Neujahr. Jedes Familienmitglied sucht sich die allerschönsten Momente aus dem Dankesglas heraus. Daraus wird eine gemeinsame Familien-Dankescollage.

7. Beziehungskonto füllen

Ein Grundprinzip des Netzwerkens lautet Wer gibt, gewinnt. Die Reihenfolge ist wichtig. Erst geben, dann gewinnen. Denn Gewinn entsteht durch mein Sozialkapital. Woher soll das kommen, außer dadurch, dass ich es regelmäßig einzahle? Wir füllen also das Beziehungskonto bei unseren Partnern, bevor wir für eigene Anliegen um Hilfe bitten.

Viele Profinetzwerker haben dafür einen sinnvollen Rhythmus. Montag ist die Lust auf produktive Arbeit bei den meisten noch nicht so ausgeprägt. Was aber richtig Spaß macht und motiviert: Anderen etwas Gutes tun. Montag ist darum der optimale Tag, um Deine Netzwerkaktivität gezielt in den Dienst Deiner Partner zu stellen und Lösungen für deren Anliegen und Gesuche zu finden.

Um Hilfe bitten funktioniert am besten, wenn der Gefragte gerade gute Laune hat. Und wann ist die Laune besser, als kurz vor dem Wochenende? Deswegen ist Freitag ein optimaler Tag, um die eigenen Anliegen bei ausgewählten Partnern zur Sprache zu bringen. Aber auch das nur, wenn das Beziehungskonto für das entsprechende Gesuch schon ausreichend gut gefüllt ist!

8. Fragen, Lernen, Weiterbilden

Du glaubst, dass Du immer noch etwas dazu lernen kannst? Du bist nie zufrieden mit dem was Du weißt und hörst nie auf, Fragen zu stellen? Glückwunsch! Das ist eine zentrale Erfolgsroutine.

Meine festen Weiterbildungstermine gehören jedes Jahr zu den Geschäftsterminen, von denen ich den größten Gewinn erwarte. Ob ich dafür nach Singapur zu Blair Singer oder nach Böblingen zu Tobias Beck fahre: Ich komme immer wesentlich reicher zurück, als ich losfahre.

Gehört es zu Deiner Natur, Dich regelmäßig mit wertvollen Impulsen und hochwertigen Inhalten zu versorgen? Vertieftes und erweitertes Wissen ist das Grundnahrungsmittel für alle, die sich für Erfolg entschieden haben. Erfolgreiche Netzwerker brechen zu fernen Ufern auf, erschließen sich neue Themen und entwickeln ungewöhnliche Interessen. Der gewohnheitsmäßige Blick über den Horizont erweitert Dein Potential und vergrößert das Gebiet, auf dem Du mit neuen Partnern in Kontakt kommst.

Die schönste und wertvollste Inspirationsquelle sind andere Menschen. Jeder Mensch, der Dir gegenübersteht, ist eine ganze Welt mit Erfahrungen, Wissen, Ideen, Wünschen und Einstellungen. Und jeder Mensch kann für Dich zum Wegweiser in solche neuen Welten werden. Wenn Du ihn lässt. Es gehört zur Kunst des Netzwerkers, sich diesen Reichtum zu erschließen und voneinander das Beste zu lernen, was man sich gegenseitig zu geben hat.

In meinen Anfangszeiten ohne große Erfolge war ich ziemlich arrogant. Von mir selbst so überzeugt, dass ich mich als besser empfunden habe, als fast jeder in meinem Umfeld. Vielleicht mit Ausnahme des Speakers, der gerade vor mir und einer vollen Halle auf der Bühne steht.

Ich habe aber gelernt, dass ausnahmslos jeder Mensch mir in wenigstens einer Sache überlegen ist. Diese Offenheit und die Neugier, genau das zu entdecken, hat meinen Umgang mit neuen Kontakten sehr verändert. Sie hat mein ganzes Leben verändert und mir geholfen, zum erfolgreichen Netzwerker zu werden.

Hast Du Lust auf neue Gesichter und darauf, alte Bekannte immer wieder von einer neuen Seite kennenzulernen? Begegnest Du den Menschen auf Deinem Weg mit Neugier und gehst Du in jede Begegnung mit der Erwartung, bereichert zu werden? Wenn Du in der Lage bist, an jedem Menschen etwas Wertvolles zu entdecken, kannst Du auch den größten Wert aus Deinem Netzwerk ziehen. Misanthropen sind selten erfolgreiche Netzwerker.

Nutze dazu alle Quellen, die in der modernen Medienwelt verfügbar sind! Entwickle einen Stil im Umgang mit neuem Input, der optimal zu Deiner Persönlichkeit und Deinen Arbeits- und Lebensumständen passt. Bücher sind ideale Begleiter auf Zugfahrten, vor allem als E-Books auf Deinem Telefon. Blogs können sich als kleiner Informations-Snack während der Pause eignen. Podcasts höre ich gern beim Autofahren.

Viele Informationen findest Du mit ausreichend intensiver Suche auch als kostenfreies Angebot. Doch die Recherche nach den wirklich wertvollen Inhalten ist ein bisschen wie Goldwaschen: Für jedes glitzernde Körnchen musst Du kiloweise taubes Gestein durchwühlen. Für Wissen und Informationen zu bezahlen, lohnt sich schon deswegen, weil es Dir die zeitraubende Recherche erspart.

Diese Investitionen gehören für erfolgreiche Unternehmer zu den festen Größen im Budget und bringen eine enorme Rendite. Lass Dir diese Chancen nicht entgehen! Integriere wertvollen Input aus verschiedenen Quellen fest in Deine Erfolgsroutinen!

9. Ressourcen effizient einsetzen

Gute Arbeit ist nur manchmal anstrengend. Es gibt die Auffassung, dass Arbeit wehtun muss. Nach dieser Lesart wird man erfolgreich, wenn man jeden Abend mit schmerzenden Knochen und einem nervös zuckenden Augenlid halbtot ins Bett sinkt. Das stimmt aber nicht. So wird man nicht erfolgreich, sondern dauerhaft übermüdet und zusätzlich noch schlecht gelaunt.

Erfolg hat wenig damit zu tun, sich zu schinden und permanent zu verausgaben. Erfolg stellt sich nicht dort ein, wo der meiste Aufwand betrieben wird. Sondern dort, wo jemand möglichst effizient den richtigen Aufwand betreibt.

Tolle Beispiele liefern die großen Strategen der Geschichte von Alexander dem Großen bis zu Napoleon. Immer wieder hat sich gezeigt, dass über den Sieg in einer Schlacht nicht die eingesetzten Ressourcen entscheiden: Heere, Pferde und Kanonen. Entscheidend ist nicht die Menge an Energie, sondern das Geschick, die Effizienz und die Entschlossenheit, mit denen sie eingesetzt wird.

Dabei kann es immer vorkommen, dass schwierige Herausforderungen gemeistert werden müssen. Als Hannibal mit seinen Elefanten die Alpen überquerte, war das bestimmt der leichteste Weg, aber sicher kein leichter. Doch gerade bei solchen kühnen Unternehmungen ist es von absoluter Wichtigkeit, dass die verfügbare Energie nicht durch zielloses Schuften verschwendet wird, sondern punktgenau ankommt.

Es gibt zwei Dinge, die Menschen vom Erfolg abhalten: Perfektion und Prokrastination. Die folgende Lösung hilft gegen beides. Das Pareto-Prinzip besagt, dass 80 Prozent der Ergebnisse mit nur 20 Prozent des Aufwandes erreicht werden.

Natürlich gibt es Momente, wo es die vollen 100 Prozent sein müssen: Bei einer Herzoperation oder einer Bach-Sonate. Doch überall dort, wo 80 Prozent völlig akzeptabel und mehr als ausreichend sind, wäre es unnötig, immer weiter an dem Ergebnis zu feilen.

Perfektionismus ist eine irrationale und unwirtschaftliche Verschwendung von Ressourcen. Er hält Unternehmer und Netzwerker davon ab, sich zu entwickeln. Alles, was an Energie in ein Ziel fließt, nachdem 80 Prozent des Ergebnisses erreicht sind, könntest Du auch in einen anderen Bereich investieren. Und so, statt an den kleinen Details zu feilen, Großes in Bewegung bringen.

Prokrastinieren bedeutet, dass wir uns von aktuellen Themen ablenken. Meistens tun wir das, weil die Aufgabe sich so unattraktiv, anstrengend und schwer anfühlt. Wenn auf einmal nur noch 20 Prozent des Energieeinsatzes notwendig sind, ist die Motivation, sich einfach drauf zu stürzen, um Größenordnungen höher.

10. Die Tagesroutine

Was macht einen guten Vorsatz zu einer echten Erfolgsroutine? Richtig. Die regelmäßige, konsequente Anwendung. Ich habe deswegen alles, was ich hier beschrieben habe, in eine Tagesroutine zusammengefasst. Damit sorge ich dafür, dass mir in den angespannten, herausfordernden oder ungewöhnlichen Zeiten, in denen ich meine Erfolgsroutinen am nötigsten habe, tatsächlich jede einzelne zur Verfügung steht.

Das beginnt direkt nach dem Aufwachen, indem ich an 10 Dinge denke, für die ich im Augenblick dankbar bin. Als nächsten Schritt visualisiere ich meinen Tag. Ich gehe jeden einzelnen Moment bewusst durch. Dabei führe ich mir konkret vor Augen, was passieren wird und wie sich Erfolge einstellen werden.

Meine persönliche Morgenroutine

1. Ich denke an 10 Dinge, für die ich JETZT dankbar bin

2. Ich denke an mein Hauptziel für den heutigen Tag

3. Ich denke an zwei bis drei Nebenziele

4. Ich nehme mir fünf Minuten und visualisiere konkret den heutigen Tag: Was wird passieren? Welche Herausforderungen stehen bevor? Wie reagiere ich darauf? Dann visualisiere den bestmöglichen Verlauf des Tages.

5. ½ Liter Wasser trinken, 3 Paranüsse essen, 7 Minuten Sport-Intensivprogramm

Meine persönliche Abendroutine:

1. Wie effizient war ich in der Erreichung meiner Ziele?

2. Was waren meine drei größten Erfolge am heutigen Tag?

3. Welchen neuen Kontakt habe ich geknüpft?

4. Welchem Netzwerkpartner habe ich heute wie geholfen?

5. Was bräuchte ich jetzt, um noch glücklicher zu sein?

In dieser Tagesstruktur hat jede Erfolgsroutine einen Platz. So gehst Du sicher, dass nichts verloren geht, selbst, wenn es an der einen oder anderen Stelle noch hartnäckige innere Widerstände gibt.

Viel mächtiger als das Ganze nur im Kopf zu machen, ist die Verschriftlichung dazu. Indem Du jeden Morgen und jeden Abend diese wichtigen Punkte notierst, verstärkst Du den Effekt. Ich habe mittlerweile einen ganzen Ordner mit den ausgefüllten Zetteln. Diesen nach einigen Wochen nochmal durchzublättern macht nicht nur Spaß, sondern auch stolz, was man alles geschafft hat. Wenn auch Du meine Erfolgsroutine nutzen möchtest, findest Du ein fertig designtes Dokument zum kostenfreien Download auf: www.toppconsult.de/erfolgsroutine

In diesem Kapitel hast Du zehn Erfolgsroutinen kennen gelernt:

1. Positive Einstellung
2. Positive Formulierung statt Verneinung
3. Ziele schriftlich fixieren
4. Zielkonsequenz und Wegtoleranz
5. Visualisierung Deiner Ziele
6. Dankbarkeit
7. Fülle das Beziehungskonto
8. Frage, Lernen, Weiterbilden
9. Ressourceneffizienz mit dem Pareto-Prinzip
10. Tagesroutine

Überprüfe bei jedem einzelnen Punkt, ob Du ihn schon verinnerlicht und zu Deiner eigenen Routine gemacht hast! Solltest Du bei einem dieser Themen einen Widerstand spüren, ist das meistens ein sicheres Zeichen dafür, dass Du mit Aufmerksamkeit und einem guten Trainer an dieser Stelle sehr viel Energie freisetzen kannst.

Die Grundlagen haben wir damit gelegt. Jetzt starten wir direkt in die Empfehlungen.

EMPFEHLUNGS
TECHNIK
FÜR
FORTGESCHRITTENE

kapitel 4

AVMZKT

Mit der Erkenntnis, dass Kaltakquise, Telefonterror und unverbindliche Vielleichts mich krank machen, begann mein Weg als Netzwerker. Beziehungskonten zu füllen ist das A und O im Netzwerken. So habe ich bei der Challenge durchschnittlich eine Geschäftsvermittlung pro Tag erreicht.

Doch viele Netzwerker tun sich in ihrem eigentlichen Kerngeschäft überraschend schwer. Besonders deutlich ist mir das im MasterMindClub aufgefallen. Die Mitglieder sind restlos begeistert. Doch nur wenige empfehlen den Club von sich aus weiter. Es fehlte dafür noch etwas, das ich für selbstverständlich gehalten habe: Das Wissen, wie, wann und an wen sie eine Empfehlung aussprechen können, sodass sie sich dabei wohl fühlen und natürlich und sicher auftreten.

Deswegen habe ich die Empfehlungstechniken für Fortgeschrittene als Modul in den Club integriert. In diesem Kapitel fasse ich einige Kerninhalte für Dich zusammen. Du kannst detailliert nachvollziehen, wie eine Empfehlung in jeder Phase funktioniert und wie Du erreichst, dass sie ihr volles Potential entfaltet: Motiviere Deine Partner, damit sie für Dich zum Empfehlungsgeber werden! Schaffe die Voraussetzungen, um mit verschiedenen Arten von Empfehlungen Deine Zielkunden zu finden! Trainiere Deine Partner für optimale Chancenverwertung!

Wir betrachten den Prozess aus zwei Perspektiven. Als Empfehlungsgeber musst Du die optimale Gesprächsführung beherrschen, um Bedarf und Interesse in gute Empfehlungen zu verwandeln. Als Empfehlungsnehmer stellt sich die Frage, wie Du Deine Partner maximal fit machen kannst, um selbst möglichst viele und gute Empfehlungen zu bekommen. Beides lernst Du in diesem Buch.

„Ruf mal dort an. Das könnte sich lohnen. Richte Grüße von mir aus, vielleicht hast Du ja Glück."

Das ist ein Tipp, im Marketing wäre das ein qualifizierter Lead. Das ist zwar nicht schlecht, aber noch lange keine Empfehlung.

„Ruf mal dort an. Die suchen im Moment genau das, was Du hast. Ich hab ihnen von Deinem Angebot erzählt und sie warten schon auf Deinen Anruf."

Das ist eine Empfehlung. Drei Personen sind beteiligt: Der Empfehlungsgeber, der Empfehlungsnehmer und der Kunde. Die Definition einer Empfehlung kann so aussehen: Bedarf beim Kunden ist vorhanden und die Kontaktaufnahme des Empfehlungsnehmers wird erwartet.

So geht es richtig

Gudrun berät als Expertin junge Unternehmen, wie sie mehr öffentliche Ausschreibungen gewinnen. Martins Firma stellt LED-Beleuchtung her. Er würde gerne für mehr Kommunen die Straßenlaternen bestücken. Ich schlage ihm vor, sich Gudruns Beratungsangebot anzusehen. Martin stimmt zu, dass Gudrun ihn anrufen kann. Allerdings ist er unsicher, ob sie ihm ohne Fachwissen im Bereich LED-Beleuchtung überhaupt helfen kann. Diese Sorge teile ich Gudrun mit, damit sie Martin genau dort abholen kann. Damit ist die Empfehlung für beide optimal vorbereitet.

Mit anderen Worten: Ich kenne einen Interessenten, der wahrscheinlich von Dir kaufen will und sich schon darauf freut, mehr von Dir zu hören. Ich bin der Empfehlungsgeber, Du der Empfehlungsnehmer. Die Tür ist offen, der rote Teppich ist für Dich ausgerollt und das Bestellformular schon halb ausgefüllt. Das ist eine Empfehlung.

1. Vier Arten von Empfehlungen

Eine erste Überraschung für Neulinge: Es gibt unterschiedliche Arten von Empfehlungen und verschiedene Möglichkeiten, Deine Partner ins Handeln zu bringen. Genauer unterscheide ich zwei passive und zwei aktive Varianten.

Der Empfehlungsnehmer in unserem Beispiel ist Peter. Er gestaltet für Unternehmen individuelle Brettspiele im Postkartenformat als hochwertige Werbeträger. Ein Paradebeispiel für ein ungewöhnliches Produkt, das sich am besten über Empfehlungen verkauft.

Die Passive Empfehlung

Der Empfehlungsnehmer sagt konkret, zu welcher Person er einen Kontakt herstellen will. Seine Partner prüfen, ob sie die Zielperson kennen, und können im günstigen Fall sofort zum Empfehlungsgeber werden.

Peter sagt: „Ich suche Frau Müller vom Marketing des Leipziger Zoos. Wer kennt die?" Hannes ist Grafikdesigner. Er hat schon einmal mit Frau Müller zusammengearbeitet, als er einen Flyer für den Zoo gestaltet hat. Frau Müller war sehr zufrieden. Hannes hat ihre Nummer und kann den Kontakt schnell herstellen.

Die rein passive Empfehlung ist sehr einfach umsetzbar, hat aber auch einen sehr eingeschränkten Wirkungskreis. Vergleichen wir diese Methode mit einem Jäger, dann muss der praktisch seinen Hund dem Hasen hinterher werfen.

Die reaktive Empfehlung

Dieselbe Medaille von der anderen Seite: Ein Netzwerker erfährt im Gespräch mit einem Kunden von einem konkreten Bedarf. Daraufhin kann dieser Netzwerker zum Empfehlungsgeber werden und einen Partner als Empfehlungsnehmer ins Spiel bringen, der genau diesen Bedarf erfüllt.

Frau Müller vom Leipziger Zoo Marketing spricht mit Hannes dem Grafikdesigner über die neuen Flyer. Dabei sagt sie nebenbei: „Für unser Jubiläum suchen wir ja auch noch einen tollen Werbeträger, der sich gut per Post verschicken lässt." Hannes hat erst am Vortag gehört, dass Peter dafür der richtige Mann ist. Er kann sofort reagieren und eine Empfehlung aussprechen.

Auch diese Variante ist passiv, weil der Empfehlungsgeber nicht selbst ins Tun kommen muss. Er muss feststellen, dass er eine Gelegenheit direkt vor der Nase hat. Um auf unser Jägerbeispiel zurück zu kommen: Der Hund schnappt zu, wenn ihm der Hase zufällig auf die Pfote tritt.

Die aktive Empfehlung

Die aktive Empfehlung funktioniert auch, wenn der Empfehlungsnehmer seinen Zielkunden nur unklar umreißen kann. Dieses Wissen reicht aus, damit der Empfehlungsgeber aktiv mögliche Interessenten ansprechen kann.

Peter instruiert seine Netzwerkpartner: „Ich suche Kontakt zu Entscheidern aus der Öffentlichkeitsarbeit von kommunalen Unternehmen!" Hannes ist in diesem Beispiel gerade krank und kann nicht helfen. Doch Peters andere Netzwerkpartner suchen in den kommenden Tagen aktiv nach einer Möglichkeit, einen Kontakt herzustellen.

Frank ist IT-Spezialist in einem großen Systemhaus, das unter anderem auch die Stadtbibliothek als Kunden hat. Frank denkt sich: Kommunales Unternehmen? Könnte passen! Beim nächsten Inhouse-Termin trifft er Frau Maier und spricht im Vorbeigehen erfolgreich eine Empfehlung aus. Peter konnte nach Frau Maier gar nicht fragen, weil er noch nie von ihr gehört hatte. Die Stadtbibliothek ist für ihn aber ein äußerst interessanter Kunde.

In diesem Beispiel steht dem Jäger ein fitter Hund mit guter Nase zur Seite. Der sucht den Hasen im Unterholz, bis er ihn gefunden hat.

Die proaktive Empfehlung

Für eine proaktive Empfehlung denken die Empfehlungsgeber sogar weiter, als der Empfehlungsnehmer selbst. So kommen Empfehlungen zustande, die über das konkrete Gesuch hinausgehen. Proaktive Empfehlungen haben damit ein besonders breites Wirkungsfeld, verlangen aber auch den größten Einsatz.

In unserem Beispiel spielt Frank wieder die Hauptrolle. Nach der Begegnung mit Frau Müller hat er einen Termin beim Tourismusverband Leipziger Neuseenland. Die Verbindung ist nicht auf den ersten Blick offensichtlich. Immerhin ist das kein kommunales Unternehmen. Trotzdem hat Frank ein gutes Gefühl und spricht die Sache mit den innovativen Postkarten nebenbei kurz an. Er rennt damit offene Türen ein und kann eine Top-Empfehlung aussprechen: Bei einem Kunden, auf den Peter noch gar nicht gekommen ist. Damit hat er mit einem scharfen Blick und guter Intuition sein Sozialkapital bei Peter massiv ausgebaut und dafür nur zweimal je fünf Minuten seiner Zeit investiert.

Wie sieht das bei unserem Jäger aus? Der beste aller Jagdhunde denkt selbst mit und gern über die gegebenen Signale hinaus. Findet er den Hasen nicht im Gebüsch, sucht er auf der Wiese und stöbert dort ein Kaninchen auf. Die Wildschweine lässt er allerdings zufrieden. So ist er die bestmögliche Unterstützung, die sich der Jäger wünschen kann.

Welche Empfehlung passt zu Dir?

Nicht immer sind alle vier Arten von Empfehlungen möglich. Es gibt Branchen, die sich kaum aktiv oder proaktiv empfehlen lassen. Sätze im Stil von „Sie sehen so krank aus. Ich kenn da einen guten Arzt!" sind nur begrenzt hilfreich. Aber auch eine Anwältin, die sich auf Medizinrecht spezialisiert, wird proaktiv schwer zu empfehlen sein. Kunstfehler sind kein Thema, auf das jemand spontan auf einer Party angesprochen werden möchte. Die reaktive Empfehlung ist hier wesentlich mächtiger.

Ganz anders sieht das bei ungewöhnlichen Dienstleistungen aus, die zwar einen großen Mehrwert haben, bei denen aber niemand auf die Idee kommt, bewusst danach zu suchen. Ein gutes Beispiel dafür bin ich selbst: Mir ist noch nie jemand untergekommen, der aktiv nach einen guten Netzwerktrainer gesucht hätte. Allerdings gibt es dort draußen scharenweise Unternehmer, die sich danach sehnen, auf eine angenehme Weise in Kontakt zu ihren Lieblingskunden zu kommen. Die erfahren von mir, weil meine Netzwerkpartner die Intuition dafür entwickelt haben.

Einer sagt: Es bringt mir nichts, wenn Du die Augen für mich offen hältst! Der andere sagt: Ich kann nur Infos streuen und werde gerufen, wenn mich jemand braucht. Wenn beide sich das nicht gegenseitig klar machen, dann geht der gegenseitige Nutzen trotz aller Bemühungen gegen Null.

Für Deinen Erfolg ist es unerlässlich, dass Du ein Bewusstsein dafür entwickelst, wie andere Dich am besten empfehlen können. Das musst Du den Partnern, die für Dich auf die Suche nach Zielkunden gehen möchten, eindeutig mitteilen. Die gleiche Frage musst auch Du für alle Partner stellen, bei denen Du mit guten Empfehlungen Sozialkapital aufbauen willst.

Klarheit und Struktur

Empfehlungen entstehen in Begegnungen und Gesprächen. Wie diese Situationen entstehen, wirst Du in den nächsten Kapiteln lernen. Jetzt widmen wir uns dem Aspekt, der für Deinen Erfolg im entscheidenden Augenblick maßgeblich ist: Die Gesprächstechnik.

Klarheit steht als Prinzip immer im Vordergrund. Einer der häufigsten Gründe, wenn Netzwerker auf der Zielgeraden scheitern, ist eine ungeübte, ziellose und schwammige Kommunikation. Nichts ist gewonnen, wenn zwei Partner aus dem Gespräch gehen und keinen blassen Schimmer haben, was sie jetzt nochmal füreinander tun wollen.

In solchen Fällen kommt es oft zu diesem Satz:

„Wir halten füreinander die Augen offen."

Diesen Satz mag ich nicht. Ich sage es hier einmal in aller Klarheit: Augen offenhalten ist nichts. Das ist nicht mal der Trostpreis. Es ist ein klares Zeichen dafür, dass zwei Menschen gerade ihre wertvolle Zeit verschwendet haben.

Du willst den Hauptgewinn. Wir gehen deswegen jetzt Schritt für Schritt durch den Prozess und Du lernst, welche Informationen dafür in jeder Phase klar und deutlich auf dem Tisch liegen müssen.

Diese Techniken sind zentral für Deinen Erfolg als Netzwerker. Achte darauf, jeden Schritt aus der Perspektive des Empfehlungsgebers und des Empfehlungsnehmers zu betrachten!

Eine geniale Lösung für diese Hürde ist die Strategie des reversiven Empfehlens. Du lernst sie auf Seite 243 kennen. In Trainingsangeboten wie dem MasterMindClub oder in einem Intensivcoaching kannst Du solche Kompetenzen durch ausgewählte Praxisübungen gezielt trainieren und ausbauen.

Enrico ist ein Coachee von mir. Er betreibt in Chemnitz das Body Street Fitness-Studio.

Ihm ist egal, ob Frau Müller, Frau Mayer oder Herr Schumann zum Training kommen. Er kann seine Empfehlungsgeber nicht nach konkreten Namen als Kunden fragen. Es geht einfach nicht. Er kann wissen, dass Menschen mit Rückenschmerzen gute Kunden für ihn sind. Aber er kann unmöglich wissen, wie die alle heißen. Ist das etwa ein Grund, ihn nicht zu empfehlen?

Im BNI kenne ich manche Netzwerker, die es sogar als Alibi nehmen, träge und untätig zu bleiben, wenn der Empfehlungsnehmer keinen konkreten Namen nennt.

Seit August 2018 veranstalte ich den Sächsischen Rednerabend im Dresdner Taschenberg-Palais Kempinski. Die Teilnehmer kommen zu 95 Prozent durch persönliche Kontakte, zu 5 Prozent durchs Internet. Empfehlungen dafür funktionieren nur aktiv und proaktiv. Und es funktioniert hervorragend.

Wer nur auf Namen wartet, um allein passive Empfehlungen auszusprechen, schließt eine Menge Branchen und Partner von vornherein aus. Lerne, auch die anderen Arten zu nutzen! Die besten Partner sind solche, die auch aktiv und proaktiv empfehlen können.

2. PiGeiLeons sind gute Zuhörer

Nur der Anfänger begegnet seinem Gegenüber sofort mit einem ungebremsten Redeschwall. Der Geier hat nur „Ich Ich Ich!" im Kopf, will sein Angebot an den Mann bringen und zum nächsten Opfer weiterfliegen. Der Pinguin ist sehr gut darin, den Smalltalk ausufern zu lassen, ohne auf den Punkt zu kommen. Das PiGeiLeon zeigt Interesse und lässt dabei Raum, in dem der Gesprächspartner sich wohl fühlen und seine Themen entwickeln kann.

Diese Art der Aufmerksamkeit ist nicht nur höflich und sympathisch. Sie ist auch ein Aspekt zielorientierter Gesprächsführung am Anfang des Empfehlungsprozesses. Denn um Deine eigenen Ziele zu erreichen, musst Du wissen, wer vor Dir steht. Wer zuerst zuhört, hat einen Vorteil: Er kennt den Anderen bereits, wenn er die eigene Geschichte erzählt.

Die weitere Kommunikation kannst Du nun exakt auf Deinen Gesprächspartner abstimmen. Der Innungsmeister kennt fast jeden Handwerker in der Region. Die Musiklehrerin hat hervorragende Kontakte zu Eltern aus der gehobenen Mittelschicht. Je nachdem, wer vor Dir steht, kannst Du auch verschiedene Aspekte Deines Angebots ansprechen: Geschäfts- oder Privatkunden? Einstiegsvariante oder Superpremium? Auf diese Weise erhöhst Du die Wahrscheinlichkeit, selbst empfohlen zu werden.

Stell die richtigen Fragen

Um eine Empfehlung aussprechen zu können, musst Du den Bedarf Deines Gegenübers so genau wie möglich kennen. Nur mit einem klaren Bedarf als Grundlage hat eine Empfehlung Substanz. Empfehlungen ohne Substanz sind Fehler, die sich besonders bei Chamäleons beobachten lassen. Wenn Du die Ziele und Nöte, die Schmerzpunkte und unausgesprochenen Wünsche Deines Partners kennst, kannst Du auch mit geringen Mitteln eine starke Wirkung erzielen und damit Dein Sozialkapital wirksam erhöhen.

Ein trainierter Netzwerker wird Dir oft fast von allein alle notwendigen Informationen liefern, die Du brauchst, um für ihn zum

Empfehlungsgeber zu werden. Doch nur im Ausnahmefall wirst Du ein PiGeiLeon als Gesprächspartner haben. Ich durfte schon mehrfach von der Seite miterleben, wie sich zwei Pinguine weit über eine Stunde nett unterhalten haben, am Ende aber rein gar nichts Verwertbares mitnehmen konnten. Stell die richtigen Fragen in der richtigen Reihenfolge. Damit hilfst Du Deinem Partner, Dir zentrale Informationen zur Verfügung zu stellen, die sonst leicht im Geplänkel verloren gehen. Hilf den Anderen, Dir zu helfen: Das funktioniert auch in die andere Richtung.

Was willst Du von Deinem Gegenüber wissen? Das ist unterschiedlich, je nachdem, ob Du auf ein zweites Date aus bist, ein gebrauchtes Auto kaufen willst oder ob ihr Euch gegenseitig bei der Suche nach Euren Lieblingskunden behilflich wollt. Wenn Du Empfehlungen willst, sind Antworten auf diese Fragen notwendig:

Wer ist der Andere?

Was tut er und wie gut tut er das?

Was ist seine Mission?

Was sind aktuell seine geschäftliche Vision
und seine konkreten Pläne und Ziele?

Was ist der Kundennutzen seines Angebots?

In welcher Nische hat er sich positioniert
und welche USPs machen ihn einzigartig?

Wer ist sein Zielkunde?

Und nicht zuletzt: Wie ist sein Stil
und wie sind seine Skills als Netzwerker?

Sei jederzeit offen für die Herausforderungen und Probleme Deiner Gesprächspartner! Jeder Bedarf, den Du in Erfahrung bringst, ist eine Möglichkeit, um mit gezielter Hilfe Dein Sozialkapital zu erhöhen oder um aus Deinem Netzwerk heraus direkt eine Empfehlung zu platzieren.

3. Sätze, um Empfehlungen einzuleiten

Nun willst Du aus der Begegnung heraus die Weichen in Richtung Empfehlungsprozess stellen. Dafür sind Direktheit und Offenheit äußerst hilfreich. Hier stelle ich Dir eine extrem mächtige Technik vor, die Du in diesem Augenblick gezielt einsetzen kannst. Stell Deinem Gesprächspartner folgende Fragen:

„Welche Themen und Fragen bewegen Dich gerade?"

„Was sind Deine Pläne für die Zukunft und wie kann ich Dich dabei unterstützen?"

Anfänger verschwenden durch ein einfallsloses „Wie geht's?" Zeit mit unverbindlichem Small Talk. Mit diesen Fragen steigst Du jedoch direkt und ohne Umwege in die Geschäftsanbahnung ein. Die folgende Gesprächsvariante eignet sich gut, um proaktiv Empfehlungen auszusprechen:

„Ich habe gestern mit jemandem gesprochen und musste dabei an Dich denken. Du sagtest doch mal X. Ist das noch aktuell?"

...

„Wie wäre es, wenn es eine Lösung dafür gäbe? Wäre das interessant für Dich?"

...

Ich habe einen Geschäftsfreund, der Dich interessieren könnte. Du und [PARTNER] solltet Euch unbedingt mal kennenlernen!"

Auch die Endphase eines längeren Gesprächs kann optimal sein, um eine Empfehlung zu platzieren. Du erreichst das mit Sätzen wie:

„Was kann ich sonst für Dich tun? Ich habe ein großes Netzwerk von Experten und Fachkräften im Großraum (Dresden/Leipzig/Berlin/ Kleinkleckersdorf). Zögere nicht, mir zu sagen, wenn ich Dir irgendwie helfen kann!"

Diese Frage fasst den Kern Eures Zusammentreffens zusammen. Sie fördert gezielt die funkelnden Nuggets zutage, die am Flussbett darauf warten, gehoben zu werden. Trotzdem ist sie nur sehr selten zu hören.

Wenn ich diese Frage viermal stelle, dann überlegen die Leute in zwei Fällen lange und vergeblich, was sie suchen. Die haben sich mit den eigenen Bedürfnissen noch nicht klar auseinandergesetzt. In den zwei anderen Fällen bekomme ich eine klare Antwort. Darauf kann ich häufig direkt mit einer Empfehlung antworten. So einfach kann Netzwerken sein.

Thorsten ist Besitzer einer Druckerei. Bei unserem letzten Treffen saß er auf dem Liegestuhl im Garten hinter dem Betrieb. Wir reden und am Ende kommt wie immer meine Frage: Was kann ich sonst noch für Dich tun? Er geht kurz in sich und spricht von seiner Solaranlage. „Die ist ganz schön verdreckt. Dadurch geht mir bestimmt viel vom Ertrag verloren. Kennst Du jemanden, der die reinigen könnte?" Direkt hatte ich jemanden im Kopf. Nach kurzer Konsultation mit meinem Netzwerk konnte ich eine Empfehlung aussprechen, die mit großer Sicherheit zu einem Abschluss führt und zwei meiner Partner glücklich macht.

4. Der Einwand und das richtige Gegenmittel

Die nächste Phase ist die Einwandvorbehandlung. Gibt es einen Grund, anzunehmen, dass der Kunde an einem Angebot möglicherweise etwas auszusetzen hat? Jetzt hast Du die Chance, diesen Aspekt anzusprechen und den zu erwartenden Widerstand damit schon frühzeitig deutlich abzuschwächen. Der Empfehlungsnehmer wird es dadurch im Kundengespräch wesentlich leichter haben.

Das gilt auch für die Ebene der Persönlichkeit. Wie gut passen die Personen, die Du in Kontakt bringen möchtest, zusammen? Auf wen müssen Kunde und Empfehlungsnehmer sich jeweils einstellen?

Hier spielen die Menschentypen aus Kapitel 9 eine entscheidende Rolle. Du sprichst bei der Anbahnung einer Empfehlung gezielt die Sprache Deines Gegenübers. Mit einer knappen Einstimmung leistest Du auch für die Kommunikation zwischen Empfehlungsnehmer und Kunde im späteren Kundengespräch wertvolle Unterstützung.

Meine Werkstatt hat dringend Mitarbeiter gesucht. Ich kannte da einen jungen Mann, der wollte gern wechseln. Er hatte allerdings durch frühere Kontakte zu Drogen einen irritierenden Eintrag im Lebenslauf. Ich habe also beim Mechaniker meines Vertrauens intensive Einwandvorbehandlung betrieben: „Ich kenne da jemanden. Die Sache sieht so und so aus. Er arbeitet aktuell dort, will da aber gerne weg. Kannst Du Dir vorstellen, ihm eine Chance zu geben?"

5. Empfehlungsnehmer anpreisen

Verkäufer suchen Kunden. Aber Kunden suchen keine Verkäufer. Sie suchen Experten. Egal, ob die Empfehlung aktiv oder passiv ist: Der Kunde will einen kompetenten Ansprechpartner. Er will nicht irgendjemanden aus dem Internet, sondern den Besten: Einen vertrauenswürdigen Anbieter, der für seinen Bedarf die optimale Lösung hat.

So nicht:

Ich kenne ein tolles italienisches Restaurant! Die machen ihre Sauce aus 84 Prozent Tomatenmark dazu Salz, Knoblauchpaste, Thymian, rotes Basilikum und eine kleine Prise Zimt. Das alles wird im Mörser mit Olivenöl vermengt und bekommt eine einmalige, pastöse Konsistenz.

So geht es: Ich kenne ein tolles italienisches Restaurant! Die machen ihre Sauce nach einem uralten Familienrezept aus Sizilien. Mit frischen Zutalen die in Sichtweite zum Ätna wachsen. Eine Sauce zum reinlegen! Ich war allein dieses Jahr schon viermal mit unterschiedlichen Gästen da und alle wollen wiederkommen.

Du musst Deinem Kontakt vermitteln, dass der Empfehlungsnehmer der Beste ist, den er kriegen kann. Das kannst Du tun, indem Du Erfolgsgeschichten erzählst mit eigenen Referenzen und Geschichten von Dritten. Wie das am besten gelingt und mit welchen Techniken Du Diese Storys rüber bringen kannst, erfährst Du im Kapitel Storytelling.

6. Warm oder heiß?

Empfehlungen sind niemals kalt, sondern immer warm oder heiß. Das macht diese Form des Kundenkontakts so besonders. Doch auch Hitze gibt es in unterschiedlichen Abstufungen. Es ist wichtig, dem Empfehlungsnehmer gegenüber die Chancen auf einen Abschluss absolut ehrlich einzuschätzen. Auf BNI-Empfehlungszetteln gibt es dafür eine Skala von 1 bis 5. Ich verwende die wie folgt:

5 – Das ist ein sicherer Abschluss.

4 – Es gibt gute Chancen für einen Abschluss.

3 – Die Chance für einen Abschluss ist 50/50.

2 – So richtig glaub ich selbst nicht dran.

1 – Es wird kein direkter Abschluss, doch die Person ist ein spannender Multiplikator und bringt Dich Deinem Wunschkunden näher.

7. Dringlichkeit

Nicht zu unterschätzen ist die Einschätzung der Dringlichkeit. Auch die beste Gelegenheit scheitert am falschen Zeitpunkt. Teile deshalb dem Empfehlungsnehmer mit, wie dringlich seine Lösung benötigt wird und wie schnell er sich melden muss, um noch zum Zug zu kommen.

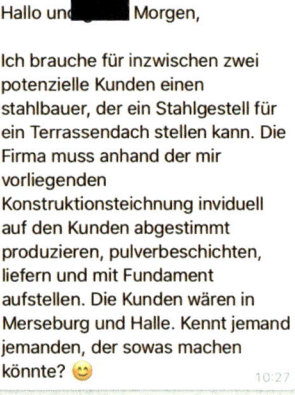

Daniel ▮ Morgen,

Hallo und ▮▮ Morgen,

Ich brauche für inzwischen zwei potenzielle Kunden einen stahlbauer, der ein Stahlgestell für ein Terrassendach stellen kann. Die Firma muss anhand der mir vorliegenden Konstruktionszeichnung individuell auf den Kunden abgestimmt produzieren, pulverbeschichten, liefern und mit Fundament aufstellen. Die Kunden wären in Merseburg und Halle. Kennt jemand jemanden, der sowas machen könnte? 😊   10:27

Oliver ▮

Mir fällt da spontan Metallbau S▮▮▮▮ ein. Ein ausgezeichneter Stahlbauer, mit dem ich zu meiner Zeit als Objektplaner zusammen gearbeitet habe - sehr konstruktiver Mitdenker zu fairem Preis - ich suche einmal die Kontaktdaten raus   11:27

Daniel ▮

Das klingt sehr gut   11:38

Florian ▮

cool Oliver 👍   13:09

0.27 Uhr: Daniel hat eine Top-Empfehlung zu vergeben, die in einen sicheren Auftrag münden wird

1.27 Uhr: Oliver (Empfehlungsgeber) stellt einen weiteren Kontakt her.

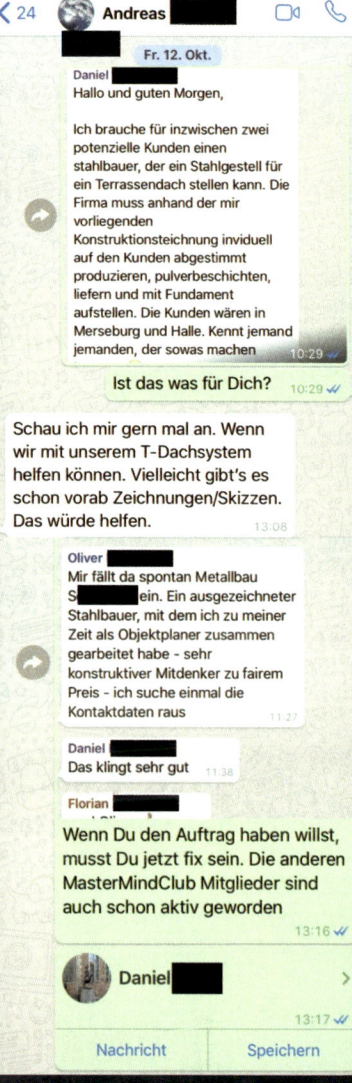

‹ 24   🌑 **Andreas** ▮   📷 📞

Fr. 12. Okt.

Daniel
Hallo und guten Morgen,

Ich brauche für inzwischen zwei potenzielle Kunden einen stahlbauer, der ein Stahlgestell für ein Terrassendach stellen kann. Die Firma muss anhand der mir vorliegenden Konstruktionszeichnung individuell auf den Kunden abgestimmt produzieren, pulverbeschichten, liefern und mit Fundament aufstellen. Die Kunden wären in Merseburg und Halle. Kennt jemand jemanden, der sowas machen   10:29

Ist das was für Dich?   10:29 ✓✓

Schau ich mir gern mal an. Wenn wir mit unserem T-Dachsystem helfen können. Vielleicht gibt's es schon vorab Zeichnungen/Skizzen. Das würde helfen.   13:08

Oliver ▮

Mir fällt da spontan Metallbau S▮▮▮ ein. Ein ausgezeichneter Stahlbauer, mit dem ich zu meiner Zeit als Objektplaner zusammen gearbeitet habe - sehr konstruktiver Mitdenker zu fairem Preis - ich suche einmal die Kontaktdaten raus   11:27

Daniel ▮
Das klingt sehr gut   11:38

Florian ▮

Wenn Du den Auftrag haben willst, musst Du jetzt fix sein. Die anderen MasterMindClub Mitglieder sind auch schon aktiv geworden   13:16 ✓✓

🖼 **Daniel** ▮   ›

        13:17 ✓✓

Nachricht   Speichern

10.29 Uhr: Roman (Empfehlungsgeber) hat das komplette Projekt an Andreas (Empfehlungsnehmer) weitergeleitet.

13.08 Uhr: Andreas hat die Nachricht leider jetzt erst gesehen.

13.16 Uhr: Roman informiert seinen Empfehlungsnehmer über den Wettbewerber. Wenn hier noch etwas zu gewinnen ist, dann ganz schnell

8. Bereite den Empfehlungsnehmer auf den Interessenten vor

Du kennst den Interessenten, zu dem Du einen Kontakt herstellst. Der Empfehlungsnehmer nicht. Sorge dafür, dass die Kontaktaufnahme zwischen Anbieter und Neukunde so reibungslos wie möglich verläuft, indem Du alle Informationen übermittelst, die der Empfehlungsnehmer benötigt.

Schon mit den ersten Sätzen kann sich entscheiden, ob Dein Partner zum Zug kommt oder aussortiert wird. Carsten ist Chef der Einkaufsabteilung eines bedeutenden Unternehmens. Er will klare Ansagen und verliert beim langen Rumlamentieren sofort die Geduld. Jana hat eine Praxis für Ergotherapie. Sie ist sehr einfühlsam und mag es, neue Menschen intensiv kennenzulernen. Die richtige Ansprache ist in beiden Fällen völlig verschieden. Was der Eine verlangt, würde die Andere vor den Kopf stoßen.

Mit den notwendigen Informationen über den Menschentyp des Kunden machst Du es Deinem Netzwerkpartner leichter, die Chance erfolgreich zu verwerten. Er kann seine Inhalte und Sprechweise optimal anpassen. Mit den vier grundlegenden Menschentypen und der besonderen Art, wie wir als Gesprächspartner auf sie eingehen können, beschäftigen wir uns ausführlich in Kapitel 9.

9. Halte Rücksprache und fache die Glut an

Halte im Anschluss immer Rücksprache mit den an der Empfehlung beteiligten Personen! Verliere eine gegebene Empfehlung nicht aus den Augen. Prüfe die Qualität des vermittelten Kontakts und der umgesetzten Lösung. Das fällt positiv auf Dich zurück.

Erkundige Dich beim Empfehlungsnehmer, wie er mit dem Kunden harmoniert hat. Den Kunden fragst Du, ob er mit Deiner Empfehlung zufrieden war. In vielen Fällen offenbart die Nachfrage das eigentliche Drama: Denn viel zu oft haben sie noch gar nicht zueinander gefunden. Durch Deine Nachfrage erkennst Du das rechtzeitig und kannst das Feuer anfachen, solang noch Glut da ist. Gründe dafür gibt es viele: Zum Beispiel kommt es oft genug vor, dass sich der Empfehlungsnehmer einfach nicht traut, ein drittes Mal anzurufen, wenn zweimal niemand rangegangen ist.

„Der geht nicht ran und ruft nicht zurück. Jetzt hab ich keine Lust mehr."

Das ist ein typischer Satz, den Du von einer Netzwerkmaus oder von einem Pinguin hören kannst.

Mach es allen Beteiligten einfach und bilde, wenn beide Seiten damit einverstanden sind, über WhatsApp oder einen anderen, geeigneten Kanal eine 3er-Gruppe mit Dir, dem Empfehlungsnehmer und dem Kunden. So kannst Du genau verfolgen, wie der Kontakt zustande kommt, und Dich im Idealfall nach dem Austausch von nur drei Nachrichten entspannt zurücklehnen.

Damit hast Du allen Seiten einen Gefallen getan. Den Moment der Rücksprache kannst Du dann toll nutzen, um auch eigene Anliegen zur Sprache zu bringen. Darum geht es im nächsten Punkt.

10. Und was kannst Du für mich tun?

Nun sind wir schon fast am Ende. Mit den bis hierher vorgestellten Techniken bist Du in der Lage, selbst in zufälligen Gesprächen gezielt Chancen herauszuspielen. Und Du sorgst dafür, dass sie mit großer Wahrscheinlichkeit verwertet werden. Doch da gibt es noch ein Element, das enorm wirksam ist und trotzdem mit aller Regelmäßigkeit in Vergessenheit gerät. Weil es viel zu einfach ist:

Bitte Deine Partner um Empfehlungen!

Stell Dir ein Bankkonto vor, auf dem eine Menge Kapital liegt. Was passiert damit, während es dort gemütlich herumliegt? Wird es mehr? In der jetzigen Zeit wohl eher im Gegenteil. Das Gleiche gilt für ein gut gefülltes Beziehungskonto. Einzahlen ist wichtig, aber wozu, wenn Du nie etwas abhebst? Also bitte Deine Partner um Empfehlungen!

Wann hast Du das zum letzten Mal getan? Hast Du das überhaupt schon einmal getan? Hast Du jemals einem Geschäftspartner klar und deutlich gesagt: „Ich suche diesen und jenen Kunden. Bitte empfiehl mich, wenn Du ihn triffst!" Ja, Du darfst das, und Du darfst das mit einem guten Gewissen! Denn Du bist ein PiGeiLeon. Wenn Du die Wochenroutine übernimmst, hilfst Du Anderen jeden Montag und kannst ebenso regelmäßig jeden Freitag um Unterstützung bitten.

Viele Unternehmer machen den gleichen Fehler, der auch in Beziehungen so große Flurschäden anrichtet. Sie erwarten, dass Andere von sich aus wissen und verstehen, was sie gerade brauchen, und sich aus eigener Initiative darum kümmern. Das hat noch nie funktioniert. Im Empfehlungsgeschäft genauso wenig, wie in der Beziehung.

Wenn der Kontakt zu Deinem Partner gut ist, dann liegt in dieser Frage eine große Chance. Wer um eine konkrete Empfehlung bittet, wirkt nicht unbescheiden, sondern zeigt im Gegenteil Interesse, Wertschätzung und eine begründete Erwartung. Spätestens an der Freude über diese Frage erkennst Du, dass ein echtes PiGeiLeon vor Dir sitzt.

Bonus: Empfehlungen verdoppeln

In meinen Trainings vermittle ich neben dieser Gesprächstechnik noch einen Ansatz, den Du parallel verwenden kannst. Damit gelingt es in den meisten Fällen zuverlässig, eine gute Empfehlung zu verdoppeln.

Die Technik nutzt Methoden der Neurolinguistik, um Ideen zu erzeugen und zu festigen. Durch positive Erfahrungen und Referenzen wird die gewünschte Ausgangshaltung aufgebaut. Diese Haltung wird in jeder Phase des Gesprächs durch den Rückbezug auf eigene, positive Aussagen und Entscheidungen des Kunden weiter verstärkt.

Der Kunde spricht in jeder Etappe selbst aus, was geeignet ist, um ihn zu überzeugen. Er formuliert konkret seinen Bedarf und nennt Bedingungen für eine erfolgreiche Lösung. Indem er selbst entscheidet, welches Angebot diese Bedingungen erfüllt, nimmt er die ideale Position ein, um einem Abschluss zuzustimmen.

Im Erfolgsfall wird er dann zusätzlich eine hochwertige Weiterempfehlung aussprechen. So macht der geübte Netzwerker allein durch seine Gesprächstechnik aus einem Lieblingskunden mit hoher Wahrscheinlichkeit auch einen Empfehlungsgeber. Diese und andere High-Performance-Techniken trainieren wir mit intensiven Praxisübungen im MasterMindClub.

Nimm die vier Formen von Empfehlungen
Beschreibe für jede eine Situation, in der Du auf diese
Art empfohlen werden kannst!

Stell Dir folgende Fragen:
Ist das für Dich realistisch?
Welche Voraussetzungen müssen Empfehlungsgeber
und Empfehlungsnehmer erfüllen, damit die
Empfehlung zustande kommen kann?

Stell Dir vor, Du empfiehlst die Leute auf Deiner Kontaktliste
aus Kapitel 2!
Wem kannst Du direkt eine Empfehlung geben?
Und wie machst Du das?

Wähle die drei besten Empfehlungen
und sprich sie tatsächlich aus!

Stell Dir vor, Du empfiehlst dieses Buch an die Leute auf
Deiner Kontaktliste! Wie machst Du das?

Das hast Du in diesem Kapitel gelernt:

1. Vier Arten von Empfehlungen
2. Zuhören und offen sein
3. Sätze, die Empfehlungssituationen einleiten
4. Einwandvorbehandlung
5. Empfehlungsnehmer anpreisen
6. Warm oder heiß?
7. Dringlichkeit richtig einschätzen
8. Empfehlungsnehmer auf Interessenten vorbereiten
9. Rücksprache halten
10. Partner um Empfehlungen bitten

In den nächsten Kapiteln werden wir ausführlich Werkzeuge, Techniken und Strategien betrachten, die Dir vor, während und nach diesen Gesprächen die wertvollsten Dienste leisten.

kapitel 5

MISSION & VISION

AVMZKT

Das Warum ist wichtiger als das Was und das Wie. Erst als ich diese Frage für mich beantworten konnte, hat mein Berufsleben Sinn ergeben. Du lernst in diesem Kapitel, welche Fragen Dich auf der Suche nach Deiner Mission weiterbringen. Wir schauen uns näher an, wie die Sicherheit über Dein eigenes Warum bei Partnern das Vertrauen stärkt. Und Du erfährst, wie Deine Mission Dir dabei hilft, andere Unternehmer als motivierte Empfehlungsgeber zu gewinnen.

Im zweiten Teil lernst Du, aus dem roten Faden Deines Unternehmens eine konkrete Vision für die nähere Zukunft abzuleiten. Wir werden eine bekannte Formel erweitern, um aus diesen Visionen Ziele zu formulieren: Mit der absoluten Klarheit, die dafür sorgt, dass Du Deine Ziele auch erreichen kannst.

1. Ein gutes Ziel braucht den richtigen Ursprung

Wir haben bei den Erfolgsroutinen über Ziele gesprochen. Du weißt, dass Du etwas erreichen kannst, wenn Du es klar und im Detail vor Augen hast. Jetzt werden wir uns genauer ansehen, wo Deine Ziele ihren Ursprung haben und wie sie beschaffen sind. Dafür benutze ich die Begriffe Mission & Vision.

Was meine ich damit? Die Mission ist das große Ganze. Der rote Faden, der sich durch Dein Leben und Deine Arbeit als Unternehmer und Netzwerker zieht. Deine Visionen sind die konkreten Bilder, Vorstellungen und Zielsetzungen, die sich in einem bestimmten Zusammenhang und für eine bestimmte Zeitspanne daraus ergeben.

2. Finde Deine Mission mit den richtigen Fragen

Es ist interessant, zu beobachten, wie sich Menschen diese und ähnliche Fragen stellen. Erwachsene neigen zu der Form: "Was will ich?" Wir sind rationale Wesen und interessieren uns für Fakten und Ergebnisse. An dieser Stelle dürfen wir viel von den Kindern lernen. Und auch von der Frage, mit der jede nachwachsende Generation ihre Eltern in immer den gleichen Erklärungsnotstand bringt. Diese Frage lautet nicht "Was?" Sie lautet:

Warum?

Damit wird es spannend. Das Warum steht im Mittelpunkt jeder guten Geschichte und am Anfang jedes wirkungsvollen Coachings. Was treibt Dich an und was treibt Dich um? Was hält Dich nachts wach und was bringt Dich morgens dazu, das warme Bett zu verlassen?

Alle Antworten, die hier nur auf die Grundbedürfnisse zielen, greifen zu kurz. An der Spitze der Bedürfnispyramide steht weder ein voller Bauch noch die gute Unterhaltung. Dort stehen die Entfaltung der eigenen Persönlichkeit und die Verwirklichung unseres Potentials. Dort ist die Kraft, die Leidenschaft und ehrliche Begeisterung weckt. Diese Kraft kann andere anstecken, inspirieren und als engagierte Helfer für Dein Projekt gewinnen. Deswegen ist Deine Mission zentral für Deinen Weg als Netzwerker.

Heike ist Versicherungsberaterin, weil sie es liebt, für andere Menschen Hindernisse aus dem Weg zu räumen und sie bei der Entfaltung ihrer Möglichkeiten zu begleiten. Alex ist Versicherungsberater, weil das eine anständige, solide Branche ist, von der man ganz gut leben kann. Wer von beiden ist empfehlenswert?

Wer bist Du? Und was tust Du? Wenn wir über Mission und Vision sprechen, sind diese Fragen untrennbar miteinander verbunden. Die Mission eines Menschen ist weit mehr als ein Wunsch oder eine Aufgabe. Berufung trifft es schon eher. Die Mission ist nicht weniger als der Sinn Deines Lebens.

Beruf und Berufung

Ein Mensch hat einen Job. Aber er ist berufen, er ist begabt und er ist einzigartig. In unseren Netzwerken arbeiten wir nicht in erster Linie mit Tätigkeiten, Angeboten oder Profilen. Wir arbeiten mit Menschen. Wenn wir erfahren wollen, wer unser Gegenüber ist und welches Potential in unserer Beziehung liegt, dann müssen wir zu dessen Mission und Vision vordringen.

Das kann durch eine direkte Frage passieren. Frag Deine neuen Kontakte:

Wie bist Du zu Deinem Beruf gekommen?

Die Antworten sind hochinteressant. Denn sie geben nicht nur Aufschluss darüber, was den anderen tatsächlich antreibt. Sie zeigen auch, wie sehr sich unser Gegenüber damit auseinandergesetzt hat. Ein Unternehmer, der Dir spontan in klaren Worten sagen kann, warum er genau das tut und nichts anderes, wird damit Erfolg haben und auch andere Menschen anziehen. Das macht ihn zu einem guten Unternehmer und zu einem wertvollen Kontakt für Dein Netzwerk.

Auf der Suche nach der eigenen Mission

Gerade haben wir die Mission als den Sinn des Lebens definiert. Dieser Anspruch ist alles andere als klein. Das entlastet aber auch. Denn es bedeutet, dass wir die Mission nicht „machen" müssen. Sie ist da und wartet nur darauf, entdeckt und mit jedem Tag klarer erkannt zu werden. Bei fast allen erfolgreichen Menschen, die mir begegnen, ist die Mission einer der Hauptgründe, weshalb sie im Laufe ihres Lebens immer wieder den einen und nicht den anderen Weg eingeschlagen haben. Deswegen sind sie jetzt dort, wo sie sind. Und deswegen sind jetzt einige von ihnen wichtige Kontakte in meinem Netzwerk.

Stell die richtigen Fragen!

Diese Suche ist ein Prozess. Nehmen wir mich als Beispiel: Ich habe über vier Jahre mit intensiver Auseinandersetzung und über 50.000 Euro für Seminare und Coachings investiert, um meine Mission zu entdecken.

Das wichtigste Puzzlestück fand ich aber erst am Ende dieses Weges: Ich mache keine Kaltakquise mehr! Das war spannend und herausfordernd, weil ich damals mit großem Erfolg im Vertrieb gearbeitet habe. Ich war spitze in der Kaltakquise. Doch in diesem Moment der Erkenntnis habe ich festgestellt, dass ich das nicht länger als Angestellter für meinen Chef machen wollte, schon gar nicht für einen, den ich nicht mag. Also habe ich mich ein für alle Mal vom Angestelltendasein verabschiedet.

Die nächste Etappe war die Energiekostenoptimierung. Im Prinzip das alte Thema, allerdings schon mit dem neuen Werkzeug. Wichtig war in dieser Zeit das ehrliche Feedback von Freunden und Bekannten: "Roman, das bist doch nicht Du! Energie geht Dir doch eigentlich am A... vorbei." Damit hatten sie Recht. Es war nicht authentisch, wenn ich mit dem Porsche durch die Gegend gefahren bin, um dabei über Energiesparen zu sprechen. Das ist natürlich richtig und wichtig. Aber es sind nicht die Themen, die mich ausmachen.

Ich habe auf dieser Etappe klarer erkannt, was mir wirklich wichtig ist. Etwas, das ich eigentlich schon immer aus dem Bauch heraus tue. Ich liebe es, unternehmungslustige Menschen in Kontakt zu bringen und zu sehen, wie sich daraus etwas Großartiges entwickelt. Das ist meine Leidenschaft. Meine Mission. Das bin Ich. Darum bin ich Netzwerktrainer.

Was mir immer wieder geholfen hat, waren die richtigen Fragen. Häufig sind die wertvoller, als die Antworten, weil sie sich von ganz allein ergeben, wenn Du weißt, wonach Du suchst. Ich verwende in meinen Coachings und in den MasterMindClubs eine große Zahl von Fragen, um Unternehmer bei der Suche nach ihrer Mission auf die richtige Fährte zu bringen.

Eine Auswahl davon gebe ich Dir hier. Stell Dir selbst diese Fragen. Das ist ein intensiver Start, um Dich bewusst auf die Suche nach der eigenen Mission zu machen.

Was waren Deine größten Wünsche, bevor Notwendigkeiten und andere Menschen Deinen Weg beeinflusst haben?

In welchen Dingen bist Du ein Experte? Wo fragen Dich andere um Hilfe?

Was tust Du am liebsten, wenn Du den Freiraum dafür hast? Was würdest Du gern mit anderen teilen und ihnen beibringen?

Worauf bist Du stolz? Was gibt Deinem Leben eine besondere Bedeutung?

Welche Persönlichkeit aus der Geschichte inspiriert Dich? Und welche Unternehmerbiografie?

Mit welchen Herausforderungen, Rückschlägen und Zweifeln hat Dich das Leben konfrontiert? Und wie bist Du damit fertig geworden?

Was hältst Du für die größte Errungenschaft der Menschheit? Wofür würdest Du aufstehen und kämpfen, um es zu bewahren?

Was ärgert Dich an der Menschheit? Welchen Beitrag willst Du leisten, um die Welt ein Stück besser zu machen?

Schreibe Deine Antworten am besten jetzt sofort auf die Praxisseite!

3. Empfehlungen kommen mit Begeisterung

Wenn Du mit solcher Entschiedenheit begründen kannst, was Du tust, macht Dich das in den Augen von Partnern empfehlenswert. Aus Deiner klaren Mission entsteht eine ansteckende Begeisterung. Das ist die Voraussetzung, damit Menschen die Motivation entwickeln, um eine Empfehlung auszusprechen.

Platz für Deine Antworten

Durch eine gelebte und deutlich kommunizierte Mission kannst Du erreichen, dass jeder in Deinem Umfeld weiß:

"Du bist DER Experte für XY"

Wann immer es im Gespräch um Dein Thema geht, werden Menschen mit hoher Wahrscheinlichkeit an Dich denken: Die Grundvoraussetzung für aktive und proaktive Empfehlungen.

Wie Du siehst ist es von größter Bedeutung, dass wir an unsere eigene Mission glauben. Nur dann können wir im Gespräch überzeugen. Andernfalls stellen wir bloß Behauptungen auf und machen nebulöse Versprechungen. Wir werden darauf zurückkommen, wenn es um Storytelling und die Präsentation Deines Unternehmens geht.

Gesucht: Netzwerker mit Mission

In meiner Netzwerker-Karriere habe ich anfangs viel Wert auf Quantität gelegt. Meine überwiegende Haltung war: Durch Masse kommt auch die Klasse. Meinen Elevator Pitch habe ich jedem angetragen und dachte mir, irgendwer wird schon dabei sein, bei dem es sich lohnt.

Inzwischen habe ich gelernt: Von vornherein die Klasse zu suchen ist wesentlich effektiver und macht auch viel mehr Spaß. Das funktioniert, indem ich meine eigene Mission ernst nehme und bewusst versuche, mehr über die Mission meines Gegenübers zu erfahren. So finden wir schnell raus, ob wir wirklich zusammenpassen und wie genau wir uns ergänzen können.

Die Mission ist für mich auch ein wichtiges Kriterium, um meine Partner einzuordnen. Spätestens während der 100 Tage-Challenge habe ich festgestellt: Wenn ich für andere etwas tun will, muss ich sortieren. Besonders, wenn ich aktiv und proaktiv Empfehlungen generiere.

Für wen engagiere ich mich?

Ich verfüge über eine vierstellige Anzahl an Kontakten und der Tag hat 24 Stunden. Wer kommt zuerst dran? Klare Antwort: Es sind diejenigen, die mich mit ihrer Vision inspiriert haben und an deren Mission ich mit Leidenschaft und Überzeugung Anteil nehme. Es ist ganz einfach: Wer seiner Mission folgt, gewinnt schon dadurch an Charisma, wird attraktiv und empfehlenswert.

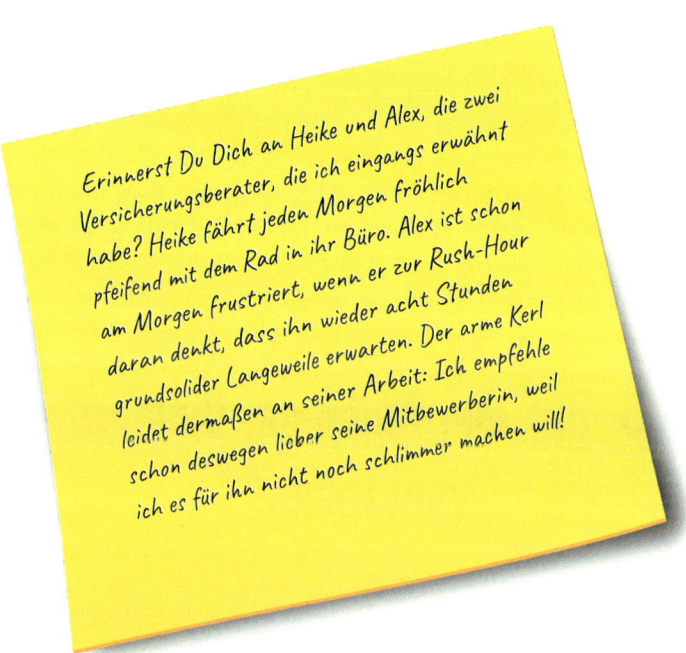

Erinnerst Du Dich an Heike und Alex, die zwei Versicherungsberater, die ich eingangs erwähnt habe? Heike fährt jeden Morgen fröhlich pfeifend mit dem Rad in ihr Büro. Alex ist schon am Morgen frustriert, wenn er zur Rush-Hour daran denkt, dass ihn wieder acht Stunden grundsolider Langeweile erwarten. Der arme Kerl leidet dermaßen an seiner Arbeit: Ich empfehle schon deswegen lieber seine Mitbewerberin, weil ich es für ihn nicht noch schlimmer machen will!

4. vertrauen, glauben, überzeugen

Was haben Jesus und Ghandi gemeinsam? Nein, das ist nicht der Anfang für einen Witz. Netzwerken ist eine ernste Angelegenheit! Alle, denen es in der Geschichte gelungen ist, viele andere von ihrer

Sache zu überzeugen, haben mindestens eins gemeinsam. Sie haben unerschütterlich an die Sache geglaubt, für die sie stehen. Charisma hat sehr viel mit Selbstsicherheit zu tun. Das heißt, dass Du sicher bist, was Dein Selbst ausmacht.

Nun geht es uns nicht um die Gründung einer Weltreligion oder die Transformation eines ehemaligen Kolonialstaats. Es geht um den nachhaltigen Aufbau von Geschäften auf Basis guter Empfehlungen. Aber auch damit prägen wir die Welt, in der wir und unsere Mitmenschen leben.

Vertrauen entsteht, wenn ich einem Menschen glaube, was dieser von sich selbst behauptet. Vertrauenswürdiger Partner oder windige Luftnummer? Nur wenn Du an Dich selbst glaubst, kann Dein Gegenüber das auch tun. Darum hier die klare Ansage für Deinen Netzwerkerfolg: Tu, wovon Du überzeugt bist! Damit wirst Du die richtigen Leute inspirieren und ins Handeln bringen, damit sich andere für Deinen Erfolg engagieren! Zur Begeisterung kommt das Vertrauen. Damit sind die Voraussetzungen gegeben, um motiviert Empfehlungen auszusprechen.

5. Hilf den Anderen, Dich zu verstehen!

War doch ganz einfach! Jetzt musst Du es nur noch kommunizieren. Menschen sind Schubladendenker. Daran ist nichts schlimm, solange die Schubladen offen bleiben. Begriffe und Kategorien sind grundlegend für Denken und Verstehen. Fakt ist: Wir alle ordnen uns gegenseitig permanent in Schubladen ein. Wenn Du einmal in einer drin bist, braucht jede Korrektur einiges an Energie.

Was sagst Du, wenn Dich jemand fragt, was Du tust? Deine Mission kann ein einziger Satz sein. Du gibst neuen Gesprächspartnern die Möglichkeit, Dein Angebot zu verstehen, indem Du ihnen ein handliches Bild für Deine zentrale Botschaft anbietest.

Ich bin Tina. Ich helfe Lehrern, ihr volles Potential zu entfalten, damit sie für unsere Kinder Höchstleistungen geben können.

Ich bin Peter. Ich helfe Unternehmern, wirkungsvoll zu erzählen, welche Geschichten hinter ihren Produkten stehen.

Und ich bin Roman. Ich mache Netzwerker fit für mehr Erfolg auf Netzwerkveranstaltungen und in der Begegnung mit neuen Kontakten.

Konkret lässt sich die Mission so in Worte fassen: Du willst etwas tun, um jemandem zu helfen, damit für diesen Menschen die Welt ein bisschen besser wird. Auf der folgenden Praxisseite kannst Du dieses Schema verwenden, um Dein eigenes Warum zu formulieren.

1. Aktion

Missionen basieren auf Aktionen. Was willst Du tun? Welche Art von Handlung spricht Dich an und entspricht Dir am meisten? Nutze als Inspiration die Verben der Aktionswörterliste!

2. Zielgruppe oder Objekt

Für wen oder was willst Du die Welt zu einem besseren Ort machen? Wen hast Du im Blick, wenn Du darüber nachdenkst, was Dir am Herzen liegt? Das kann die ganze Menschheit sein oder eine kleine, eng begrenzte Gruppe: Kleine Kinder oder Studenten, Jugendliche auf dem Land oder Senioren ohne Familie. Willst Du „Sorgenkinder" unterstützen oder große Familien? Menschen mit Behinderung, Leistungssportler oder Künstler? Medienschaffende, Einzelunternehmer, Verkäufer oder Geschäftsführer? Haus- und Nutztiere, das Meer oder den Regenwald?

3. Dein Ziel

Was ist der Nutzen oder das Ergebnis Deines Handelns? Welchen Vorteil willst Du durch Dein Tun aus 1. für Deine Zielgruppe aus 2. erreichen? Was hat sich verändert, wenn die Welt für Deine Zielgruppe zu einem besseren Ort geworden ist?

4. Die Zusammenführung

Kombiniere die 3 Punkte zu einem einzigen Satz! Du kannst dafür die folgende Praxisseite nutzen.

annehmen	erhalten	lernen	überprüfen
anpreisen	erinnern	leuchten	überreden
antreiben	erleuchten	lieben	übersetzen
anwerben	ermöglichen	liefern	umarmen
arbeiten	ermuntern	lindern	umsetzen
aufbauen	erörtern	machen	unterhalten
aufhellen	erreichen	meistern	unterstützen
aufklären	erschließen	messen	untersuchen
aufsteigen	erwerben	mitteilen	verändern
ausbilden	erzeugen	modellieren	verbessern
ausdrücken	finanzieren	motivieren	verbinden
ausführen	fördern	nehmen	verbreiten
aushalten	formen	nennen	vereinbaren
beeinträchtigen	formulieren	nutzen	verfeinern
befreien	fortführen	öffnen	verfolgen
begeistern	fortschreiten	organisieren	vergeben
beglückwünschen	führen	präsentieren	verkaufen
beherbergen	geben	realisieren	verlangen
beherrschen	gefallen	reden	verlängern
beitreten	gewähren	reduzieren	verleihen
bekräftigen	glauben	reflektieren	vermitteln
beraten	halten	reformieren	versprechen
berühren	handeln	reisen	verstärken
bestätigen	heilen	respektieren	verstehen
bewahren	helfen	retten	verteidigen
bewegen	herausgeben	sammeln	vertreiben
beweisen	herstellen	schaffen	verursachen
bewerten	hinzufügen	schreiben	vervollständigen
bieten	identifizieren	schützen	verwalten
dienen	improvisieren	schwingen	vorantreiben
durchführen	informieren	sichern	vorbereiten
einbeziehen	inspirieren	spielen	wählen
einsetzen	integrieren	stärken	weiterbringen
entdecken	konkurrieren	starten	weitergeben
entscheiden	konstruieren	teilen	wertschätzen
entspannen	kontaktieren	teilnehmen	wiederherstellen
entwickeln	koordinieren	trainieren	wissen
erbieten	leben	träumen	zurückgeben
erfüllen	lehren	üben	zurückgewinnen
ergeben	leiten	übergeben	zwingen

Meine Mission ist, Verkäufer zu Netzwerkern auszubilden, damit sie in wenig Zeit viele Aufträge erhalten und mehr Zeit ihrer persönlichen Bestimmung widmen können.

Oder: Ich mache die Welt ein Stück weit besser, weil ich Verkäufern durch mein Netzwerktraining die Zeit verschaffe, sich für ihre Bestimmung zu engagieren.

Weiteres Beispiel: Ich bewahre die ozeanische Artenvielfalt, indem ich Plastikmüll aus den Weltmeeren beseitige.

Oder: Meine Mission besteht darin, Erzieher zu motivieren, damit sie mehr Spaß an der Arbeit haben und die Kinder somit glücklicher sind.

Hier ist Platz für Deine Mission in 4 Schritten

6. Nutze die Spiegelneuronen

Wenn Du beim Kennenlernen eine unerwartete Frage stellst, bekommst Du meist dieselbe Frage zurück: Warum lieben Sie ihren Job? Wie kamen Sie dazu? Was wollen Sie mit Ihrem Projekt für die Gesellschaft beitragen? Eine wunderschöne Frage. Der Gesprächspartner rechnet nicht damit, fühlt sich kreativ gefordert und wertgeschätzt. Außerdem hat er keine klare Antwort und gibt Dir daher schnell Gelegenheit, Deine eigene Antwort und Deine Mission ins Spiel zu bringen.

7. Konkret und blumig: Von der Mission zur Vision

Wenn in der Mission das „Warum?" in der Mitte stand, gehen wir jetzt zum Wie, Was Und Wann über. Deine Mission ist die eine große Aufgabe in Deinem Leben. Sie kann ein Satz aus weniger als fünf Wörtern sein. Deine Vision ist nah und konkret. Deine Vision darf mehrere Seiten füllen. In kleiner Schrift mit Fußnoten und in blumigen Worten.

Sie enthält Zahlen, Daten, Fakten und ein bestimmtes Datum, wann sie erreicht sein soll. Sie kann immer wieder angepasst und neu aufgestellt werden. Deine Vision ist emotional und inspiriert andere Menschen, an Dich zu glauben und Dich durch Aufträge, Weiterempfehlungen oder Mitarbeit zu unterstützen.

Der Begriff der Vision trifft den Kern der Sache deshalb so gut, weil sie im ursprünglichen, mystischen Sinn etwas Sichtbares ist. Die Vision lässt den Betrachter einen Blick darauf werfen, wie die Zukunft beschaffen sein könnte.

Der moderne Begriff ist ganz ähnlich. Nur mit einem Unterschied: Hier macht sich ein Mensch selbst sein Bild von der Zukunft und sorgt auf diese Weise dafür, dass eben diese Zukunft auch wirklich eintrifft.

Platz für Deine Antworten

Du erinnerst Dich: Wir bewegen uns immer auf das zu, was wir deutlich vor Augen haben. Je genauer, entschiedener und klarer unsere Vision der Zukunft beschaffen ist, desto sicherer wird es genauso kommen.

8. Diese Fragen führen zu Deiner Vision

Die Vision spielt 3-5 Jahre in der Zukunft. In der besten denkbaren Zukunft. Male Dir aus, wie es sein könnte, wenn alles, wirklich alles in den nächsten Jahren optimal verläuft. So findest Du Schritt für Schritt zu der Vision, die Du für Dich persönlich genauso formulieren kannst, wie für Dein Geschäft und Dein Unternehmen.

Diese Fragen können Dir dabei helfen:

In 5 Jahren wird Deine Erfolgsgeschichte verfilmt.
Was ist die Kernaussage des Films?

Wo bist Du Marktführer?

Wie feierst Du Deinen Erfolg?

Welcher bedeutende Kunde wird Dir eine begeisterte Referenz ausstellen
und was sagt er über Dich?

Wie vielen Menschen hast Du wobei geholfen?

Wie fühlen sich diese Menschen und wie danken sie Dir dafür?

Wie viele Mitarbeiter arbeiten in Deiner Firma und welche Standorte hast Du?

Welche weiteren Geschäftszweige hast Du erschlossen und Innovationen geschaffen?

Wie viel hast Du privat verdient und was hast Du Dir geleistet?

Wie denkt Deine Familie über Dich?

Womit verbringst Du Deine Zeit?

Und wie fühlst Du Dich dabei?

9. Von der Vision zur Zielstellung

Damit die Vision zur Wirklichkeit wird, muss sie Aktion auslösen. An dieser Stelle entstehen aus der Vision die Ziele, die für Dich in den nächsten Wochen, Monaten und Jahren maßgeblich sein werden.

In meinen Coachings erlebe ich oft, dass es Unternehmern unheimlich schwer fällt, wirklich konkrete Ziele für die Zukunft zu formulieren. Auf Netzwerkveranstaltungen beobachte ich, wie die Mehrzahl der Teilnehmer mehr auf die Umstände reagiert, in die sie geraten, als aktiv den eigenen Handlungsrahmen zu gestalten. Die wenigsten wissen ganz genau, was sie erwarten und nehmen geraden Kurs auf ihre Ziele.

Lass uns ein kleines Experiment machen. Aber nicht schummeln! Nimm Dir jetzt einen Stift und schreib folgendes auf:

Dein Ziel für in drei Jahren

Dein Ziel für das nächste Jahr

Dein Ziel für den nächsten Monat

Ich frage in meinen Coachings regelmäßig Menschen, welche Ziele sie aktuell verfolgen. Die nächsten Antworten sind typische Beispiel aus meinem Nähkästchen. Nimm sie Dir nicht zum Vorbild: Nicht ein einziges davon erfüllt alle Kriterien für ein Ziel, das Dich wirklich nach vorne bringt!

1. „Weniger Arbeit und weniger Stress. Dafür ein bisschen mehr Spaß auf Arbeit."

2. „Ich hätte gern mehr Umsatz, damit ich meinen Angestellten mehr bezahlen kann."

3. „Dass es unser Geschäft auch in zehn Jahren noch gibt."

4. „Voll super wäre, wenn wir in diesem Jahr noch zehn neue Filialen aufmachen würden."

5. „In ein paar Jahren will ich keine Kreditzinsen mehr bezahlen."

6. „In drei Jahren will ich keine Kreditzinsen mehr bezahlen."

7. „Ich will in den kommenden 2 Monaten jede Woche eine neue BNI-Gruppe besuchen."

Wie konkret konntest Du werden? Ähnelt Dein Ziel vielleicht einem der Sätze in dieser Liste? Lass uns die Zielformulierungen anhand einer praktischen Checkliste überprüfen. Denn nicht jede Aussage, die wir dafür halten, erfüllt auch wirklich die Anforderungen für ein klares Ziel.

10. Konkrete Ziele mit SMART + PT

Es gibt viele Formeln und Modelle, die bei der Definition und Formulierung konkreter Ziele behilflich sind. Die berühmteste ist die SMART-Formel. Ich kann sie mittlerweile nicht mehr hören, weil sie mir nicht weit genug greift. Deswegen habe ich dieses Instrument um zwei Punkte ergänzt, die in unserem Kontext eine wichtige Rolle spielen. Daraus ergeben sich folgende Anforderungen, wenn Du ein Ziel so formulieren willst, dass es Dich wirklich vorwärts bringt.

S – Spezifisch

M – Messbar

A – Ambitioniert

R – Realistisch

T – Terminierbar

P – Positiv

T – Tatenergie auslösend

Schauen wir uns also an, was die SMART-PT-Formel zu den obigen Beispielen zu sagen hat.

S – Spezifisch

„Weniger Stress und mehr Spaß" lässt sich nicht eindeutig visualisieren. Die Aussage ist kein spezifisches Ziel. Sie lässt sich eher als vager Wunsch bezeichnen.

Das Bild Deiner Vision muss so klar sein, wie eine Szene in einem Theaterstück. So deutlich, dass Du in Deiner Vorstellung die Bühne betreten kannst. Wenn Deine Gedanken und Gefühle jedes Mal, wenn Du das Bild vor Augen hast, eine ganz bestimmte Form annehmen, dann ist dieses Ziel spezifisch.

Aus den Gedanken und Gefühlen, die Dein Bild auslösen, entsteht eine starke Motivation mit dem Potential, die nahe Zukunft wirksam zu gestalten. Aus konkreten Vorstellungen lassen sich in entscheidenden Situationen eindeutige Optionen ableiten. Anderen gegenüber trittst Du klar, entschieden und überzeugend auf. Du verwertest Deine Chancen, weil Du genau erkennst, wenn sich eine bietet. Damit leitet die Vision Dein Handeln und Dein Auftreten hier und heute und gibt Dir auch in den Momenten Orientierung und Tatenergie, in denen Du gar nicht bewusst darüber nachdenkst.

M – Messbar

Ist es das schon? Oder doch noch nicht? Die Messbarkeit Deines Ziels ist aus einem einfachen Grund sehr wichtig: Damit Du weißt, wann

Du es erreicht hast. Mehr Umsatz ist zwar spezifisch, aber mit einem Euro mehr wäre das Ziel ebenso erreicht, wie mit einer Million.

Reicht der Umsatz diesen Monat schon aus? Oder doch nicht ganz? Mit solcher Unsicherheit verfliegt die motivierende Wirkung und macht Platz für unproduktive Grübeleien. Dein Ziel braucht ein klares Ja oder Nein oder eine konkrete Zahlenangabe, die entweder erreicht ist oder eben nicht. So ist jederzeit unmissverständlich klar, worauf Du zugehst und wie nah oder fern Du gerade bist.

A – Ambitioniert

Wer vom Leben nichts erwartet, wird genau das bekommen und beim Netzwerken geht es zu, wie im wahren Leben. Vor kurzem saß mir eine Frau gegenüber, die sich von mir coachen lassen wollte. Also habe ich ausgelotet, was sie sich vom Netzwerken allgemein und von meinem Coaching im Besonderen erhoffte. Ihr eigener Anspruch: Im ersten Jahr idealerweise den Mitgliedsbeitrag für das BNI-Netzwerk wieder rausholen.

Ich bin in solchen Momenten manchmal ein bisschen fies und hatte kurz den Impuls Loser! zu rufen. Hab ich natürlich nicht gemacht. Doch es ist Fakt: Das Pony springt nur so hoch, wie es muss. Wir haben als erste Maßnahme ihre Ziele ambitioniert nach oben korrigiert.

Hier ein wichtiger Hinweis für alle, die gern vorsichtig kleine Brötchen backen: Deine Vision braucht Mut. Sie muss groß sein, damit sie Kraft entwickeln kann. Nimm Dir als Maßgabe den größtmöglichen Erfolg, an den Du selber glauben kannst. Greif nach den Sternen und Du hast mindestens den Mond in der Hand!

Manchmal fällt das schwer. Statt einer klaren, kühnen Vision scheint plötzlich nur noch heiße Luft da zu sein. Das kann daran liegen, dass sich jemand vollständig und durchweg überschätzt. Aber in meiner Erfahrung ist das eher selten der Fall. Häufiger fällt es Menschen schwer, an die eigenen, realen Möglichkeiten zu glauben.

Wo das zutrifft, wäre es der völlig falsche Weg, einen Gang runterzuschalten. Wer das tut, denkt negativ, macht sich klein und lässt sein Potential ungenutzt. In solchen Fällen ist es wesentlich sinnvoller, an den tiefer liegenden Glaubenssätzen zu arbeiten und die eigenen Erfolgsroutinen zu pflegen.

In zehn Jahren als Geschäft noch existieren? Das ist spezifisch. Es ist auch messbar, denn entweder ist der Laden noch auf oder eben nicht. Aber vor sich hin vegetieren als ambitionierte Geschäftsvision? Da geht wesentlich mehr! Denke positiv. Lerne, an Deine Möglichkeiten zu glauben, und erlebe, wie groß Du bist!

R — Realistisch

Hier haben wir den Gegenpol zum ambitionierten Ziel. Denn wenn der vorhergehende Punkt überreizt wird, fallen wir mit großem Getöse auf der anderen Seite vom Pferd. Zehn neue Filialen bis zum Ende des Jahres? Für einen Filialisten, mit mehreren Dutzend Standorten in der Region ist das vielleicht ein realistisches Ziel. Für die meisten Mittelständler aber sicher nicht.

Als Folge büßt das Bild im günstigsten Fall seine Überzeugungskraft ein. Im schlimmsten Fall wird ein überzogenes, unrealistisches Ziel zu einer Quelle für Druck und Unzufriedenheit, die schlechte Laune und Ausweichverhalten hervorruft. Achte darauf, dass Du hoch zielst, aber im Rahmen des Möglichen und Glaubhaften bleibst!

T — Terminierbar

Damit ein Ziel seine Kraft entfaltet, darf es nicht auf unbestimmte Zeit verschoben werden. Es ist verführerisch, an dieser Stelle einen gewissen deutschen Großflughafen zu erwähnen: Spezifisch, messbar, ambitioniert und vielleicht sogar realistisch. Aber nur, solange der Eröffnungstermin Verhandlungssache bleibt.

Wieder ist es vor allem eine Frage der Klarheit, ob Deine Zielstellung Dich auch wirklich ans Ziel bringt. Sind acht Jahre noch „ein paar"? Und zwölf? Dein Ziel braucht einen eindeutigen Termin, der es unmöglich macht, immer wieder in die Verlängerung zu gehen.

... das reicht noch nicht!

Die SMART-Formel beschränkt sich auf diese fünf Forderungen. Das ist nett, weil sich dadurch so ein tolles Akronym ergibt. Ich füge trotzdem etwas hinzu und mache SMARTPT daraus. Das sagt sich nicht mehr so gut, hat aber dafür mehr Aussagekraft.

Positiv

Du bist schon bei den Erfolgsregeln dem Grundsatz begegnet, sehr vorsichtig mit dem Wort nicht umzugehen. Das gilt im Smalltalk und beim Vier-Augen-Gespräch. Und umso mehr bei der Formulierung des Ziels, das für die kommende Zeit maßgeblich für Deine Geschäftsentwicklung ist.

Was passiert, wenn ich visualisiere, was ich nicht will? Genau. Ich sehe es deutlich vor Augen und steuere geradewegs darauf zu. In diesem Fall sind es die Kreditzinsen in drei Jahren. Wer dieses Ziel so formuliert, stellt sich auf Kreditzinsen in drei Jahren ein, sieht nur die und nichts anderes. Mit einer negativen Formulierung wird die Zielstellung zu einer Schreckensvision, die Fluchtreflexe auslöst.

Aber wir wollen eine tragende Motivation! Es mag vieles geben, das Du gern hinter Dir lassen willst. Dann lass es auch dort und schau nicht ständig über die Schulter! Was Du als Ziel formulierst, ist das, was vor Dir liegt. Das hat zwei Vorteile: Es macht erstens viel mehr Spaß und zweitens funktioniert es. Ich finde, das sind gute Gründe für ein zusätzliches P.

Tatenergie auslösend

Schließlich das T mit dem ich noch die Tatenergie ins Spiel bringe. Warum halte ich das für notwendig? Weil ein Ziel alle Kriterien erfüllen kann und trotzdem wird die Motivation von einem fiesen Faktor abgewürgt.

Das Beispiel macht es deutlich: Die Netzwerkfrühstücke des BNI sind so angesetzt, dass die Unternehmer im Anschluss in ihren normalen

Arbeitstag starten können. Also sehr früh. Normalerweise etwa um Sieben.

Auch in einer dicht besiedelten Region hat unser Zielsteller alle Gruppen in Reichweite in kurzer Zeit abgeklappert. Sein Ziel bedeutet für ihn also im Klartext, dass er in den kommenden Wochen jede Woche bei Wind und Wetter sündhaft früh aus dem Bett kriechen wird, um etliche Kilometer zu fahren und pünktlich am Buffet zu sein.

Mir persönlich macht das ja Spaß. Aber ich verstehe auch jeden, dem bei dieser Aussicht trotz erfüllter SMART-Formel die Tatenergie abgeht. Achte darauf, dass Dein Ziel in Dir die unwiderstehliche Lust weckt, es anzugehen!

In unserer Familienlinie bin ich der letzte männliche Topp. Darum werde ich es sein, der den Familiennamen an die nächste Generation weitergibt. Die Ahnenreihe um neue Namen zu verlängern ist das Wichtigste, was ich in meinem Leben tun werde.

Ich bin in allen sieben Weltmeeren geschwommen und auf sechs von sieben Kontinenten gewesen. Es war lange Zeit ein Lebensziel, auch den siebenten zu bereisen. Doch leider ist das die Antarktis. Die ist faszinierend, aber auch sehr, sehr weit weg, sauteuer und schweinekalt. Und wofür das Ganze? Für das Ego und ein paar Fotos? Ist es das wert? Ich habe für mich entschieden: Nö.

Zwei Lebensziele. Das eine erzeugt viel Tatenergie, das andere deutlich weniger.

FORMEL	S	M	A	R	T	P	T
„Weniger Arbeit und weniger Stress. Dafür ein bisschen mehr Spaß auf Arbeit."							
„Ich hätte gern mehr Umsatz, damit ich meinen Angestellten mehr bezahlen kann."	✓						
„Dass es unser Geschäft auch in zehn Jahren noch gibt."	✓	✓					
„Voll super wäre, wenn wir in diesem Jahr noch zehn neue Filialen aufmachen würden."	✓	✓	✓				
„In ein paar Jahren will ich keine Kreditzinsen mehr bezahlen."	✓	✓	✓	✓			
„In drei Jahren will ich keine Kreditzinsen mehr bezahlen."	✓	✓	✓	✓	✓		
„Ich will in den kommenden 2 Monaten jede Woche eine neue BNI-Gruppe besuchen."	✓	✓	✓	✓	✓	✓	

Große Visionen und große Ziele

Sehr gut. Jetzt wird es Zeit für Best Practice. Ich spanne den Bogen soweit, wie nur möglich. Dabei helfen mir zwei Personen, die Dir im Text schon einmal begegnet sind.

Da wäre Heike, die Versicherungsberaterin. Sie liebt es, Menschen auf ihrem Weg durch Höhen und Tiefen zu begleiten. Ein Ziel für das aktuelle Jahr: Bei allen Mandanten mit Kindern auch die Beratung für die nächste Generation zu übernehmen. Dafür nimmt Heike mit Begeisterung auch die zweistündige Anfahrt zum Studienort in Kauf.

Oder Mahatma Ghandi. Seine Mission: Ein Menschenbild zu lehren, das auf Humanismus, Freiheit und Liebe zum Nächsten aufbaut. Die Vision, die sich daraus ergab, war die Befreiung eines Subkontinents von jahrhundertelanger Kolonialherrschaft: Ohne dafür zum Mittel der Gewalt zu greifen. Ambitioniert, aber wie die Geschichte zeigen sollte, auch realistisch. Und mit einer unglaublichen, positiven Tatenergie, durch die ein einzelner Mensch entscheidend für das Leben von Milliarden wurde.

Eine Biografie wie diese inspiriert enorm. Und ist zugleich ein hervorragendes Beispiel, wie ein Mensch Schritt für Schritt seine Ziele verfolgt, indem er die eigene Mission und Vision in jedem Augenblick klar vor Augen behält.

Auch Du willst die Welt verändern. Deine Mission und Deine Vision helfen Dir dabei, konkrete Ziele zu formulieren, sie zu erreichen und zu übertreffen.

Formuliere für Dein Geschäft Ziele, die dem Schema SMARTPT entsprechen. Nutze dafür die Zeiträume:

drei Jahre
ein Jahr
sechs Monate
drei Monate
vier Wochen

Du hast Du in diesem Kapitel Folgendes gelernt:

1. Deine Mission als Ursprung für Deine geschäftlichen Ziele

2. Finde Deine Mission mit den richtigen Fragen

3. Wie Du Menschen begeisterst und zu motivierten Empfehlungsgebern machst

4. Deine Mission als Grundlage für Vertrauen

5. Deine Mission in Worte fassen und sichtbar machen

6. Nutze die Spiegelneuronen

7. So sieht eine Vision aus

8. Fragen, die zu Deiner Vision führen

9. Von der Vision zur Zielstellung

10. Konkrete Ziele mit der SMARTPT-Formel

Im nächsten Kapitel gehen wir den nächsten Schritt zu Deiner Nische und Deinem Zielkunden.

kapitel 6

ZIELKUNDE

&

ALLEINSTELLUNGS MERKMAL

AVMZKT

In diesem Kapitel erfährst Du, warum Du gerade im Netzwerk nur erfolgreich sein wirst, wenn Du eine Nische besetzt, die Dein Angebot einzigartig macht. Du lernst, warum Du mit einem klareren Zielkundenprofil mehr Erfolg haben wirst. Du übst die Beschreibung Deines Zielkunden aus der Außenperspektive, um Partner effektiv im Erkennen Deines Zielkunden zu trainieren. Schließlich entwickelst Du einen detaillierten Kunden-Avatar.

1. Eine gute Empfehlung ist ein Nischenprodukt

Wenn wir uns auf einen Zielkunden beschränken, fallen alle anderen weg? Diese Denkfigur setzt sich vor allem bei Unternehmern fest, die sich noch in der Gründungsphase oder in einer Krise befinden und dringend Umsatzwachstum benötigen. Der Gedanke, einen großen Kreis möglicher Kunden von der Ansprache auszuschließen, ist schwer verdaulich. Dazu kommt noch die Annahme, dass auch unpassende Kunden wünschenswert sind, weil über sie vielleicht später auch die richtigen kommen.

In diesem Kapitel wirst Du verstehen, warum genau das Gegenteil der Fall ist: Erfolg kommt aus der Nische. Je präziser und spitzer Deine geschäftliche Ausrichtung ist, desto leichter und attraktiver ist es für Partner, Dich zu empfehlen. Umso mehr und bessere Kunden wirst Du haben.

Empfehlenswert vs. empfehlbar

Es klingt paradox, kommt aber häufig vor: Ohne klar definierte Nische bist Du vielleicht empfehlenswert. Aber leider meist nicht empfehlbar. Denn wenn ich für meinen aktuellen Gesprächspartner einen Spezialisten kenne, werde ich ihn empfehlen und nicht Dich als Generalisten. Der bekommt an Deiner Stelle die Empfehlung. Wenn es nur einen Preis gibt, ist der zweite Platz leider wenig wert.

Asia-Döner und halbe Schweine

In Leipzig gab es auf der Georg-Schumann-Straße einen Imbiss mit einer langen Leuchttafel der angebotenen Speisen. Erstmal stand da „Asia-Döner". Schon da habe ich keine Ahnung, was das sein soll. Doch das Drama geht weiter: Es gab dort außerdem Pizza, Pasta, Pommes, Wurst, sowie indische, deutsche und internationale Küche. Und wenn die dort das beste Essen in ganz Leipzig haben, ich werde das nie erfahren, denn ich hätte diesen Imbiss niemals betreten. Mittlerweile ist er pleite und hat geschlossen – was mich kein bisschen überrascht.

In Karlsruhe, einer beruflichen Zwischenstation von 2011, gab ein Restaurant auf der anderen Rheinseite. Im Prinzip auch nur eine bessere Imbissbude, aber mit genau einem Gericht. Sie hatten dort die besten Grillhähnchen im Bundesland. Man musste nur ein paar Wochen in der Stadt wohnen und kannte dieses Lokal durch die Erzählungen begeisterter Gäste. Selbst in diesen Genuss zu kommen, war jedoch gar nicht so einfach, denn man musste mehrere Monate im Voraus einen Tisch reservieren.

Im Frankfurter Umland gibt es einen Laden, der berühmt war für exorbitante Portionen. Es gab dort Hamburger im originalgroßen Fladenbrot, Schaschlik wurde auf einem Langschwert serviert und die Schnitzel hießen viertel, halbes oder ganzes Schwein. In meiner Zeit vor Ort hat der Laden mehrfach angebaut.

Zwei von diesen drei Lokalen habe ich zumindest in meinen Fleischesser-Zeiten selber schon oft weiterempfohlen... Welches war wohl nicht dabei?

Die Entscheidung für die eigene Nische ist ein Schlüsselmoment in jeder Unternehmerbiografie. Sie schließt nahtlos an das Thema des vorigen Kapitels an: Der Ausgangspunkt für Deine Nische ist Deine Mission. Warum tust Du das und nichts anderes? Das, was Dich einzigartig macht, hebt Dein Angebot entscheidend von dem Deiner Mitbewerber ab. Für welchen Bedarf willst Du der Eine sein, der mir sofort einfällt?

Scharf abgegrenzte Alleinstellungsmerkmale verengen Dein Einzugsgebiet soweit, bis es das Schwarze in der Mitte der Zielscheibe ist. Deine Nische hilft Dir dabei, Deinen Zielkunden klar zu definieren. Wieder zieht sich der rote Faden zu Deiner Mission: Für wen willst Du die Welt zu einem schöneren Ort machen? Beschreibe mir diesen Menschen so genau, dass ich ihn auf den ersten Blick erkenne. Dann schicke ich ihn auch zu Dir.

2. Finde Dein Alleinstellungsmerkmal

Gewöhnlichkeit und Normalität werden nicht weiterempfohlen. Es muss etwas geben, dass Du anders machst, als die Anderen. Dein Alleinstellungsmerkmal ist mehr, als dass Du nur Deine Arbeit machst. Es ist auch mehr, als dass Du sie nur gut machst. Dein Alleinstellungsmerkmal ist der Grund, warum Du sie besser machst, als jeder Andere!

Lass Dich vor leichtfertigen Antworten warnen! Es gibt eine Menge Qualitäten, die sind kein Alleinstellungsmerkmal, sondern schlicht und einfach eine Selbstverständlichkeit. Ein Caterer, der pünktlich zur Veranstaltung kommt und Essen mitbringt? Das ist kein Alleinstellungsmerkmal. Es ist das Mindeste: Eine Sauberkeitsgarantie, die den Profi vom Pfuscher unterscheidet. Du willst aber nicht nur einer von vielen Profis sein. Auf Deinem Gebiet willst Du DER Profi sein, an den man vor allen Anderen als Ersten denkt!

In meinem Netzwerk gibt es ein Systemhaus, das ein perfektes Beispiel für eine klar definierte Nische abgibt. Sven spezialisiert sich auf Zahnärzte. Er hat auch eine Menge anderer Kunden. Aber wenn er mit neuen Partnern in Kontakt ist, fragt er ausschließlich nach Zahnärzten. Erstens macht ihm die Arbeit mit diesem Typ Mensch wirklich Spaß. Und zweitens hat er damit das Schwarze auf der Zielscheibe klar und eindeutig definiert.

Du kannst mit mir ein Coaching machen. Kannst Du mit vielen anderen auch. Aber Roman Topp hat auch ein Riesennetzwerk. Dadurch hast Du über das Coaching hinaus den Zusatznutzen, dass Du mit großer Wahrscheinlichkeit durch mein Netzwerk und meine Empfehlungen neue Kunden erhalten wirst.

Was machst Du besser,
als Deine Marktbegleiter?

Welche Ressourcen hast Du,
um etwas besser zu machen
als die Anderen?

Was kannst Du besser
als so ziemlich jeder Andere
in Deinem Umfeld?

Über welche besonderen Zertifikate
oder Auszeichnungen verfügst Du?

Wofür loben Deine Kunden
Dich besonders?

Welchen Zusatznutzen kannst Du
Deinen Kunden ermöglichen?

Notiere JETZT hier Deine Antworten!

Der entscheidende Unterschied

Mark Wolf ist mein Spezialist für Einbruchschutz. Seine Produkte kannte ich schon 3 Jahre länger als ihn selbst und war ziemlich neutral dazu eingestellt. Doch Ende 2017 hat Mark mir den entscheidenden Unterschied zu anderen Systemen erklärt. Seitdem bin ich begeistert von seinem Alleinstellungsmerkmal und habe ihn schon mehrfach empfohlen.

Das Gespräch lief ungefähr so ab:

„Mark, was machst Du besser als Deine Marktbegleiter?"

„Unser System arbeitet fehlalarmfrei."

„Welche Ressourcen hast Du, um etwas besser zu machen als Andere?"

„Sehende Bewegungsmelder mit Kamera für außen und innen, die von einer 24/7 besetzten Notruf- und Serviceleitstelle überwacht werden."

„Was kannst Du besser als so ziemlich jeder Andere in Deinem Umfeld?"

„Durch die umfassenden Informationen über unser System rückt die Polizei mit allen verfügbaren Kräften in notwendiger Stärke und mit Priorität aus. Dadurch werden Einbrecher oft live am Tatort gefasst."

„Hast Du dazu Zertifikate oder Auszeichnungen?"

„Das System ist EuroNorm-zertifiziert nach EN 50131-1. Aktuell hat es für über 100 Festnahmen gesorgt."

„Wofür loben Deine Kunden Dich besonders?"

„Die schnelle und wirksame Polizeipräsenz im Ernstfall."

„Welchen Zusatznutzen kannst Du Deinen Kunden ermöglichen?"

„Vernebelungstechnik gegen Blitzeinbruch und eine Notruf/Panikfunktion, um die Polizei oder einen Krankenwagen sofort anzufordern."

Antworten wie aus dem Lehrbuch! Hören wir ihn selbst:

Sicherheit ist ein Grundbedürfnis der Menschen, denn schon immer hat Eigentum Diebe und Einbrecher angelockt. Darum habe ich 2014 entschieden, Sicherheitsberater für elektronische Alarmsysteme zu werden.

Es gibt viele Angebote, die leider in der Praxis oft versagen. Moderne Diebe sind organisiert, gut trainiert und auf jeden „Bruch" gut vorbereitet. Clevere Sicherheitssysteme bringen jedoch auch gut ausgebildete Täter an ihre Grenzen.

Wie soll der Kunde nun das passende System finden? Einer meiner ersten Kundentermine war ein Schlüsselerlebnis. Der Autohauschef fragte mich direkt: „Herr Wolf! Was haben Sie, was andere nicht haben?" Meine erste Begegnung mit dem Thema „Alleinstellungsmerkmal". Meine Antwort: „Unsere Alarmtechnik ist fehlalarmfrei, weil wir sehende Bewegungsmelder mit Kamera verwenden. Dadurch melden wir über unsere Leitstelle der Polizei nur echte Straftaten und diese fährt mit allen verfügbaren Kräften und Priorität hin. Das funktioniert stressfrei für Sie als Kunde, weil unsere Leitstelle 24/7 auf Sie und ihr Eigentum aufpasst!"

Einen „Bruch" zu erkennen und schnell per Intervention zu unterbinden, ist der Schlüssel einer wirksamen Alarmanlage. Die sogenannte „Interventionszeit", von der Alarmauslösung bis zum Eintreffen der Interventionskräfte, muss so gering wie möglich sein. Und auch die Art der Intervention ist wichtig: Ausgebildete Polizeikräfte sind ganz einfach der bessere Schutz, als ein schlecht bezahlter Wachschutz. Und wenn alarmierte Kunden selbst zum Tatort fahren müssen? Nicht auszudenken, welche Risiken sich daraus ergeben!

Für die nötige, effektive Polizei-Intervention sorgen wir, weil Fehlalarme ausgeschlossen werden und unsere Leitstelle nur echte Straftaten an die Polizeidirektionen weitergibt.

Da es sich nicht um einen reinen Verdacht handelt, wie bei anderen, „blinden", Alarmsystemen, sondern um eine echte, bezeugte Straftat, kann die Polizeidirektion alle verfügbaren Kräfte zum Tatort schicken, die sich in der Nähe befinden!

Ein cleveres Alleinstellungsmerkmal, das schon zu über 100 Festnahmen geführt hat. Unsere Alarmsysteme sind für Diebe und Einbrecher der schlimmste zu erwartende Fall, für unsere Kunden und die Polizei dagegen ein echter Glücksfall.

Der Bedarf an Sicherheitslösungen steigt Jahr für Jahr. Verglichen mit anderen Ländern in Europa gehört Deutschland bei elektronischen Absicherungen zu den Schlusslichtern. Kennen Sie jemanden in Ihrem Umfeld mit einem cleveren Alarmsystem? Ohne Fehlalarme, mit 24/7-Aufschaltung zur Leitstelle und schneller Polizei-Intervention? Das ist unser Business! Privathäuser, Ladengeschäfte, die Kfz-Branche und Kunden mit gefährdeten Außenbereichen sichern wir am liebsten ab.

Der deutsche Markt liegt uns zu Füßen. Daher suchen wir immer neue Sicherheitsberater, die nach einer 3-monatigen Einarbeitung einen Standort ihrer Wahl aufbauen möchten. Unser Alleinstellungsmerkmal hat Sie überzeugt? Dann melden Sie sich bei uns!

Mark Wolf

www.sicherheitsexperten.team

3. Zwei Kreise, die sich überschneiden

Es gibt einfache Techniken, um zu bestimmen, wie die eigene Nische aussehen kann. Ich mache dafür gern zwei Kreise. In den einen schreibe ich meine Lieblingskompetenz. In den anderen meine größte Leidenschaft. Die Nische entsteht dort, wo sich beide Kreise überschneiden:

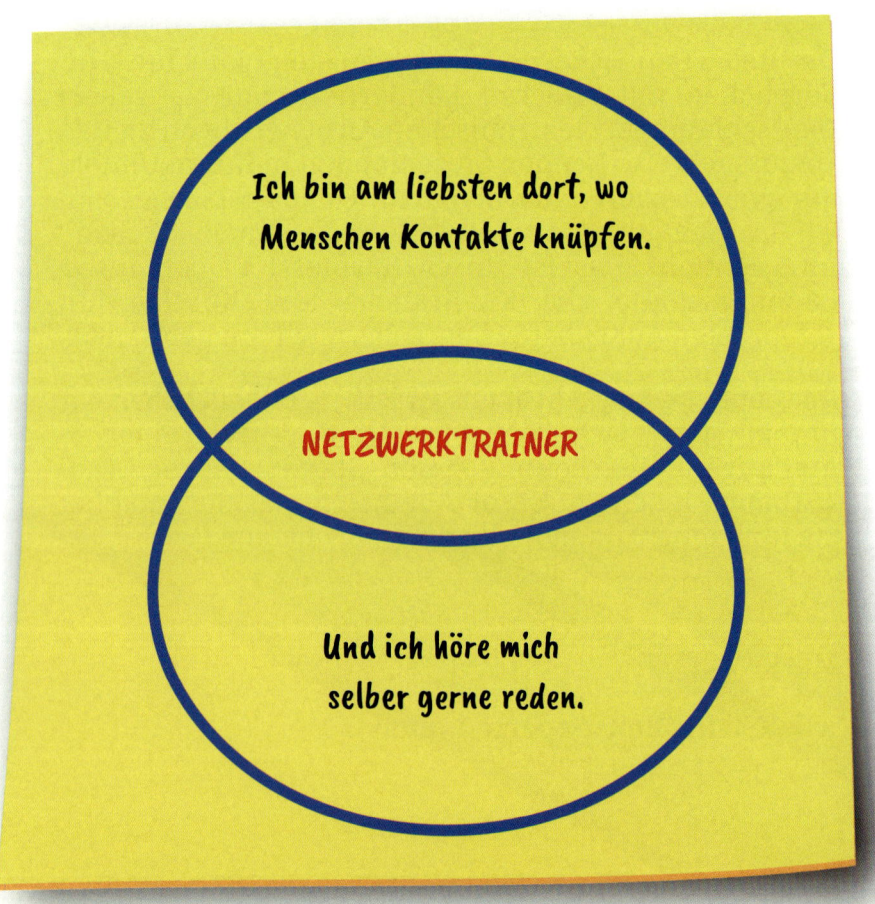

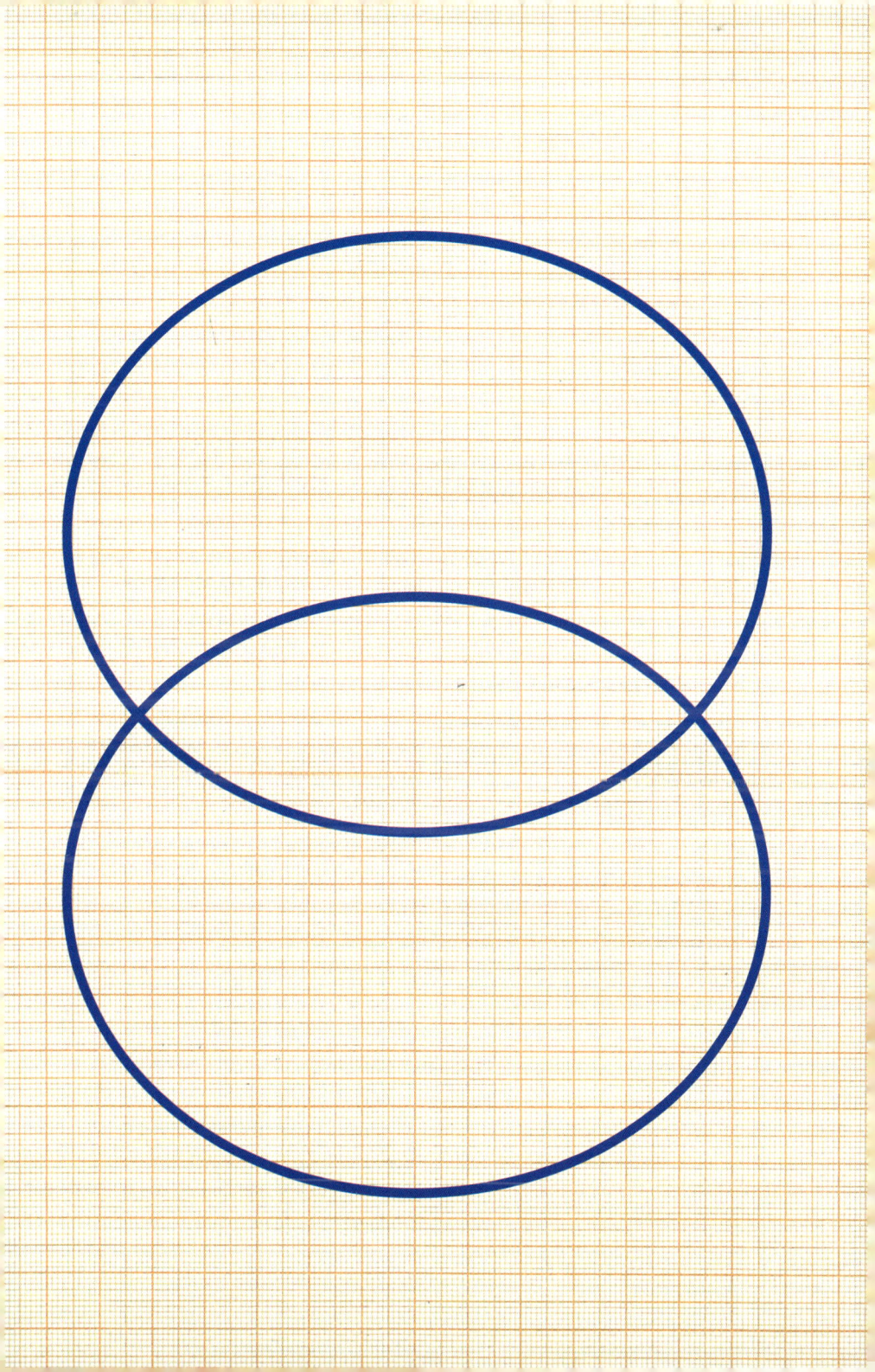

Noch ein sehr schönes Beispiel für den Wert von Nische und
Alleinstellungsmerkmal: Auf einer Abendveranstaltung des BVMW
(Bundesverband Mittelständische Wirtschaft) hab ich zwei junge Webdesigner
kennengelernt. Ich hab sie angesprochen, wie ich das immer tue:

„Hallo, was macht denn Ihr Schönes?"

„Wir gestalten Webseiten."

„Super! Für wen denn?"

„Naja, für grundsätzlich jeden."

„Hm, ok. Also für wen denn jetzt genau?
Ich habe 1800 Namen im Handy.
Vielleicht sind da Kunden für Euch bei."

„Naja, also jeder der eine alte Webseite hat,
und eine neue haben will."

„Aha. Gut. Und woher soll ich das von den
1800 Leuten jetzt wissen?"
Zweites Stirnrunzeln.
„Macht Euch denn irgendwas besonders?"

„Klar! Wir kommen ganz frisch von der Uni
und setzen die neueste Technik ein!"
Sein Kumpel ergänzt ihn:
„Und bei uns steht der Kunde im Mittelpunkt."

Fünf Euro ins Phrasenschwein. Was sagen denn die anderen Webdesigner? Wir bauen 90er Jahre Websites mit HTML und bei uns ist der Kunde der Pfosten in der Ecke? Das ist kein Alleinstellungsmerkmal. Das ist der Standard, den man bei grundsätzlich jedem Profi erwarten kann.

Beratungsbedarf war gegeben. In meinem Seminar haben die beiden gelernt, wie ein echtes Alleinstellungsmerkmal aussieht und wie sich damit ein Zielkunde definieren lässt. Während der Beratung haben sie festgestellt: Was sie eigentlich viel lieber machen als Webseiten ist Instagram-Marketing. Und ihre Lieblingskunden sind Hotels und Gastronomie.

Hier haben wir die beiden Kreise: Die persönliche Leidenschaft für das Gastgewerbe und die besondere Kompetenz für den Umgang mit dem wichtigen Kommunikationskanal Instagram. Mit dieser Schnittmenge sind sie sicher nicht die Einzigen im Land. Aber sie machen etwas Entscheidendes anders als der größte Teil ihrer Marktbegleiter. Und sie haben einen exakten Zielkunden, mit dem ich sie hervorragend empfehlen kann.

Was in Deinen Kreisen stehen muss, hast Du auf der Suche nach Deiner Mission schon zum Teil herausgefunden. Alleinstellungsmerkmale und Nische sind Kerninhalt auf jedem guten Gründerseminar. Neben dieser kleinen Übung gibt es eine Menge anderer Hilfsmittel, die Du nutzen kannst. Damit machst Du einen entscheidenden Schritt zum Erfolg mit Empfehlungen.

4. Kunden mit Problemen

Der Zielkunde ist eins der großen Mysterien, die mir in meiner Netzwerkerkarriere fast täglich unterkommen. Nur zur Erinnerung: Eine Empfehlung funktioniert so, dass Du mir verrätst, wen Du sehr gern kennenlernen möchtest. Wenn mir jemand begegnet, auf den diese Beschreibung passt, dann frage ich, ob er Interesse hat und bringe Euch zusammen. Weil ich Dich gut leiden kann und weil wir alle etwas davon haben.

Der Prozess steht und fällt mit der Beschreibung Deines Zielkunden. Wen willst Du als Kunde haben? Dein Lieblingskunde ist sicher nicht der nörgelnde Pfennigfuchser, der sich stundenlang unverbindlich beraten lassen will und sich‾ anschließend bei gemeinsamen Bekannten über Deine Preise beschwert. Auch nicht der Unentschlossene mit den hohen Ansprüchen, der täglich seine Meinung ändert und bei dem sich Dein Magen zusammenkrampft, wenn der Name als Anrufer auf dem Display erscheint.

Ich rate noch einmal: Deine Lieblingskunden sind Menschen, die klare Vorstellungen mit hoher Wertschätzung für Deine Kompetenz verbinden. Menschen, mit denen Dir die Arbeit Spaß macht, weil ihnen Deine passgenaue Lösung genau so viel wert ist, wie Dir.

Darum geht es beim Empfehlungsgeschäft. Gezielt und elegant mit wenig Krafteinsatz genau die Kunden und Partner zu finden, die zu Dir passen. Lass uns genauer hinsehen, was Du tun kannst, damit das auch genauso stattfindet.

Wer bringt Dich Deinen Zielen näher?

Das weltweit einfachste und doch effektivste Geschäftsmodell lautet: Finde Leute mit Geld und einem Problem. Je größer das Problem, desto mehr werden sie Dir gerne bezahlen. Bei der Entwicklung Deiner Mission ging es um Lösungen für konkrete Menschen mit konkreten Problemen. Um von Deiner Nische aus Deinem Zielkunden näherzukommen kannst Du fragen: „Wer hat die Probleme und dazu das nötige Geld für Deine Lösung?"

Suche den Kontakt zu Menschen, die Dich Deinen Zielen näher bringen können. Menschen, mit denen Dich Themen, Interessen, Fragen und Wünsche verbinden. Für Kunden, mit denen Du in Resonanz bist, wirst Du höchst motiviert arbeiten, beste Leistung bringen und wie von selbst Empfehlungen zu ähnlichen Menschen erhalten.

5. Ein Kunde für jede Gelegenheit

Im Coaching kommen wir oft an den Punkt, dass sich nicht nur einer sondern mehrere Zielkunden abzeichnen. Doch es muss den Einen geben, der für Dich der Jackpot ist. Konzentriere Dich zuerst und ausschließlich auf diesen! Warum solltest Du in dem Teich fischen, wo die mittelgroßen Fische schwimmen, wenn nebenan die richtig großen warten? Immer wenn Du einen neuen Kontakt kennenlernst, soll der aus mit einer glasklaren Vorstellung aus dem Gespräch gehen, wer Dein Lieblingskunde ist.

Bist Du wirklich sicher, dass Du mehr als einen Zielkunden haben möchtest? Dann nutze eine dieser drei Möglichkeiten:

1. Neue Gesprächspartner

Wer fragt, der führt. Lerne die Person kennen und frag sie aus, bevor Du sagst, wen Du suchst. Nenne erst dann Deinen Zielkunden.

2. Regelmäßige Gesprächspartner

Wenn Deine Netzwerkarbeit zur Routine wird, begegnest Du manchen Menschen immer wieder. Nach vier Netzwerkfrühstücken kennen sie Dein primäres Kundengesuch auswendig. Wenn Du Partner zum Beispiel wöchentlich siehst, dann nenne in den vier Wochen eines Monats vier unterschiedliche Zielkunden und beginne im neuen Monat wieder mit dem ersten. So erweiterst Du Dein Kundenspektrum und erzeugst Kontinuität mit Abwechslung.

3. Der Dreiklang

Nach meiner Erfahrung lassen sich drei unterschiedliche und doch ähnliche Zielkunden sehr gut aneinanderreihen. Erst der Oberbegriff und dann drei Möglichkeiten: „Ich suche Kontakt zu Handwerkern. Am liebsten Fliesenleger, Trockenbauer oder Dachdecker." Oftmals führt das zu proaktiven Empfehlungen: „Da habe ich keine Kontakte, doch wie wäre es mit einem Elektriker?" Bingo. Das ist natürlich auch ein Handwerker.

Wenn ich höre, dass mein Gesprächspartner Existenzgründer ist, wird er auch viele andere Gründer kennen. Deswegen positioniere ich mich hier als jemand, der insbesondere Existenzgründern zeigt, wie sie neue Kunden finden können.
Wenn er jedoch ein sehr erfolgreicher Geschäftsmann ist, spreche ich vom MasterMindClub Platinum für High Performer.

6. Wenn Netzwerk-Pinguine ihre Kunden beschreiben

Du willst lernen, Deinen Zielkunden zu definieren, damit Du Partnern eindeutig sagen kannst, wen Sie für Dich suchen können. Dafür lohnt es sich, einen Blick darauf zu werfen, wie Andere es tun und was sie dabei besser machen könnten.

Mein Einstand in Dresden hatte sich etwas forsch gestaltet, ich hatte schon davon gesprochen: Seht, hier bin ich. Ich bin gekommen, Euch zu empfehlen! Das PiGeiLeon auf der Jagd war für viele ein ungewohntes Erlebnis. Ich hatte umgeschaltet von Wie werde ich von Euch so oft wie möglich empfohlen? auf Wie kann ich Euch so viel wie möglich geben? Das war schließlich der Sinn der 100 Tage-Challenge.

Ich habe so intensiv wie noch nie darauf geachtet, wie andere Netzwerker ihren Bedarf beschreiben. Aber ach: Reihenweise war es mir unmöglich, zu erkennen, nach wem ich die Augen offenhalten sollte. Ich wünsche mir, Unternehmer mit neuen Kunden zu bereichern. Die erzählen mir einen Schwank aus der Firma, aber nicht, wen sie am liebsten kennenlernen möchten. Warum tun die das?

Das ist natürlich keine Dresdner Besonderheit. Ich habe dieses Symptom bei vielen Netzwerkern in unterschiedlichen Bereichen genau so erlebt. Bei der Beschreibung des eigenen Zielkunden fallen viele Unternehmer regelmäßig hinter den eigenen Ansprüchen zurück.

Sind wir nicht geübte Netzwerker? Erfahren und mit allen Wassern gewaschen? Trotzdem war meine Beobachtung keine Ausnahme, sondern eher die Regel. In diesem Punkt benehmen sich selbst erfahrene Haudegen wie plüschige Kuschelpinguine.

7. Grundsätzlich jeder

Die häufigste Art und Weise, eine Empfehlung zu vermeiden, lässt sich damit zusammenfassen: Mein Kunde ist grundsätzlich jeder. Ich liebe diesen Satz. Er illustriert wie kein zweiter die Tragik der großen Auswahl. Denn diese Einstellung hat zwei Resultate: Erstens der größtmögliche Markt und zweitens der kleinstmögliche Ertrag. Diese Asymmetrie ist witzig. Solange Du kein Discounter und notorischer Billigheimer bist, trifft sie gnadenlos zu.

Ein kleiner Test: Ich gebe Dir jetzt einige einfache Aufgaben. Die einzige Regel: Wenn Du länger als 3 Sekunden nachdenkst, ist die Aufgabe gescheitert. Du brauchst dafür Stift und Papier. Hol sie Dir, bevor Du weiterliest! Fertig? Na dann los:

1. Schreibe die Namen von drei Menschen auf, die Bedarf für dieses Buch haben!
2. Schreibe die Namen von drei Menschen auf, die selbstständig sind!
3. Schreibe die Namen von drei Unternehmern auf, die Du magst und denen Du mehr Erfolg gönnst!

Bei den meisten Menschen ist das Ergebnis dieses Tests eindeutig. Bei der ersten Frage haben die Befragten weißen Nebel vor dem inneren Auge. Namen stellen sich nur mit großer Anstrengung ein. Bei der letzten Frage kommen die Antworten wie aus der Pistole geschossen. Erkenntnis: Je genauer die Gruppe eingegrenzt ist, desto leichter finden wir jemanden, der dazu passt.

Der Vergleich zum Bogenschießen drängt sich auf. Es gibt eine Zielscheibe mit Kreisen und einer Mitte. Mit "grundsätzlich jeder" sagen wir so etwas wie „Zielt einfach irgendwo hin." Der konkret beschriebene Zielkunde heißt „Ziel genau auf das Schwarze in der Mitte".

Viele nehmen an, dass es mehr Treffer gibt, wenn wir auf eine möglichst große Fläche zielen. Es ist ja viel mehr Auswahl da. Das passiert aber nicht. „Irgendwohin" ist ja nicht mal die Zielscheibe, sondern höchstens eine Himmelsrichtung. Deine Partner wollen nicht auf irgendwas zielen. Ihre Zeit ist zu kostbar, um einfach so ins Blaue hineinzuarbeiten. Ein Zahnarzt zieht auch nicht grundsätzlich jeden

Zahn und denkt sich dabei: Irgendeiner wird schon wehtun.

Das Fatale an grundsätzlich jeder ist: Menschen, die nicht wissen, worauf sie zielen, schießen überhaupt keinen Pfeil ab. Aus einer klaren Zielbeschreibung entsteht im Gegensatz dazu auch eine starke Motivation. Je konkreter Du Deinen Zielkunden beschreibst, desto besser hilfst Du Deinen Partnern, tatsächlich aktiv zu werden.

8. Ich suche Kunden, die mich suchen

Auch eine schöne Variante, um Empfehlungen effektiv zu vermeiden: Gesuche nach dem Muster Ich biete etwas und meine Kunden sind alle, die das suchen. Das ist zwar konkret und zutreffend, aber leider überhaupt nicht hilfreich.

Die einzige Handreichung, die dieser Netzwerker seinen Partnern gibt, besteht darin, dass seine Kunden Interesse an seinem Angebot haben. Er verrät mit keiner Silbe, wer das sein könnte und woran ich seinen Lieblingskunden erkenne. Obwohl sie absolut nicht funktioniert, ist eine Zielkundenbeschreibung nach diesem Muster ein gern gesehener Klassiker auf vielen Netzwerkveranstaltungen und kaum jemand scheint sich darüber zu wundern.

Bei einem Spezialisten für altersgerechten Badumbau könnten auf diese Weise vielleicht noch passive Empfehlungen entstehen. Ich kann ihn dann jederzeit ins Gespräch bringen, wenn in der Straßenbahn ein Pensionär über seinen unbequemen Wannenlift lamentiert.

Bei den meisten Branchen erkenne ich den vorhandenen Bedarf aber nur, wenn ich ein Experte auf diesem Gebiet bin. Zum Glück gibt es ja einen Experten für Dein Angebot, der uns allen weiterhelfen kann: Dich. Zum zweiten Mal lernen wir: Werde konkret! Hilf den anderen, Dir zu helfen, indem Du so genau wie möglich Deinen Zielkunden beschreibst!

Es gibt zwei Dinge, die Du dafür wissen musst. Wer ist überhaupt Dein Lieblingskunde? Und wie kannst Du ihn so beschreiben, dass auch andere ihn sofort erkennen.

9. Woher kommt Dein Lieblingskunde?

Jetzt sollten wir uns näher mit dem Profil Deines Zielkunden beschäftigen. Eine Grundfrage ist, ob Du für Geschäftskunden oder für Endkunden arbeiten willst. Die Herangehensweise für die Beschreibung Deines Lieblingskunden ist für B2B und B2C grundverschieden. Für beide Bereiche kannst Du eine Auswahl an Fragen stellen, um Dich dem Kunden, den Du haben willst, zu nähern.

B2B: Deine Zielkunden sind andere Unternehmen

Für die Definition von Businesskunden ist unter anderem die Zielbranche ein zentraler Anhaltspunkt:

Mit welcher Branche hast Du die lukrativsten Aufträge?

Mit welcher Branche macht es Dir besonders Spaß zusammenzuarbeiten?

Aus welcher Branche melden sich Kunden von selbst bei Dir?

Vertreter welcher Branche empfehlen Dich regelmäßig weiter?

Wie groß ist die Firma (Jahresumsatz, Mitarbeiterzahl)?

Ist Dein Lieblingsunternehmer Mitglied in Verbänden oder Organisationen?

Wer ist innerhalb der Firma Dein Ansprechpartner?

B2C: Deine Zielkunden sind Privatpersonen

Im Privatkundengeschäft beachten wir demografische und soziografische Faktoren.

Ist Dein Lieblingskunde eine Frau, ein Mann oder spielt das Geschlecht keine Rolle?

Haben Deine Lieblingskunden Kinder?

Wie alt sind Deine Lieblingskunden?

Wie hoch ist ihr Einkommen?

Welche Bildungsabschlüsse haben sie?

Und was für Berufe üben sie aus?

Wohnen Deine Lieblingskunden in der Stadt oder auf dem Land, zur Miete oder im eigenen Haus?

Welche Hobbys, Interessen und Leidenschaften zeichnen sie aus?

Sind Deine Lieblingskunden Mitglieder in Gruppen oder Vereinen?

Ziel ist, Deinen Lieblingskunden so genau zu kennen, dass Du sie oder ihn als Person greifbar vor Dir siehst. Erst dann kannst Du Deinen Traumkunden auch Deinen Netzwerkpartnern so klar und deutlich beschreiben, dass sie ihn auf den ersten Blick erkennen und dabei auch an Dich denken. Das ist ein hartes Stück Arbeit, aber ich verspreche Dir: Es lohnt sich!

10. Traumbeschreibung für Traumkunden

Nun ist es die eine Sache, dass Du weißt, wen Du unbedingt als Kunden haben willst. Die andere Sache ist es, das Deinen Partnern verständlich zu machen. Eingangs hatte ich mich über die unklaren Gesuche beschwert, denen ich immer wieder begegne. Darunter sind viele, die durchaus mehr als grundsätzlich jeder und alle, die X suchen zu sagen hatten.

"Sven, habe ich Dich richtig verstanden? Dein Systemhaus richtet sich vor allem an Zahnärzte?"

"So ist es. Am liebsten Zahnarztpraxen. Andere Ärzte sind natürlich auch willkommen."

"Habe ich Euch richtig verstanden? Ihr macht Facebook-Marketing für Gastronomie?"

"Naja, Gastronomie schon. Am liebsten Hotels. Aber keine Facebook-Werbung. Wir spezialisieren uns auf Instagram."

"Ach so! Alles klar!"

Ich stelle jetzt eine Behauptung auf: Viele der Unternehmer, bei denen ich nicht verstanden habe, nach wem sie suchen, haben eigentlich eine recht klare Vorstellung von ihrem Zielkunden und sind auch der Meinung, sie hätten ihn korrekt beschrieben.

Wunschkunden fallen nicht vom Himmel

Ohne Selbstanalyse geht es nicht

„Ich würde gerne für die RWE AG Gerüste bauen!"

Noch vor einigen Jahren wäre das meine spontane Antwort auf die Frage nach meinem Wunschkunden gewesen. Dabei hatte ich überhaupt keine Ahnung, ob wir dort als Spezialgerüstbauer überhaupt gefragt waren und ob wir einen Auftrag in der Größe überhaupt hätten stemmen können.

Heute weiß ich: Einen Wunschkunden findet man nicht „aus dem Bauch heraus"! Es ist harte Arbeit bis Namen feststehen. In unserem Unternehmen war das ein Prozess, der vier Jahre gedauert hat. Am Anfang stand aber nicht etwa die Marktanalyse, sondern wir haben bei uns selber angefangen. Welche Kernkompetenzen haben wir? Wie sehen die Kundenstrukturen aus? In einem internen Controlling wurden Zahlungsverhalten und Deckungsbeiträge beleuchtet. Schließlich haben wir ermittelt, wie groß die Auftragssummen sein dürfen, damit wir alle Aufgaben bewältigen können.

Netzwerke nutzen

Nach dieser Selbstanalyse konnten wir unsere Wunschkunden genau benennen. Dazu gehörten z.B. die Firmen WISAG, Kaefer und Spie und weitere Unternehmen im Bereich der Industriedienstleister für mittlere Industriebetriebe, Krankenhäuser, Stadtwerke, Müllverbrennungsanlagen, Elektro- und Wasserkraftwerke.

Als nächstes mussten wir die nötigen Kontakte knüpfen, um unsere Leistungen in den Firmen vorstellen zu können. Dabei halfen uns zum Beispiel unsere Business-Netzwerke wie der Bundesverband mittelständische Wirtschaft (BVMW), Business Network International (BNI), Rotary-Club oder Christen in der Wirtschaft (CiW).

Persönlichen Kontakt suchen

Wenn wir hier über unsere Wunschkunden sprachen, gab es immer wieder Netzwerker, die in diesen Unternehmen Ansprechpartner persönlich kannten. Nachdem sie uns dort zur Sprache gebracht hatten, konnten wir anrufen und einen Besuchstermin vereinbaren.

In Zeiten von XING, Facebook, Twitter usw. ist auch darüber die Kontaktaufnahme möglich. An manche Wunschkunden kommt man aus unterschiedlichen Gründen nur schwer heran. Davon lasse ich mich nicht mehr entmutigen. Ich versuche es immer wieder und in der Zwischenzeit werden eben andere Kontakte geknüpft, denn es ist ratsam, immer mehrere Wunschkunden auf der Liste zu haben.

Meine Praxistipps, wenn Sie auf der Suche nach Ihrem Wunschkunden sind:

Analysieren Sie Ihre Kernkompetenzen. Welcher potentielle Kunde passt dazu?

Schauen Sie auf Ihren Kundenstamm: Wer liefert die Deckungsbeiträge? Wer hat ein gutes Zahlungsverhalten? Wo gibt es noch mehr solcher Kunden?

Sprechen Sie über Ihre Wunschkunden mit ihren Netzwerkpartnern, aber auch mit Freunden, Familie, Mitarbeitern und Lieferanten.

Lassen Sie denjenigen, der Ihren Wunschkunden persönlich kennt, zuerst mit diesem Kontakt aufnehmen. Danach können Sie anrufen und einen Besuchstermin vereinbaren. Das zeigt Ihr großes Interesse besser als ein Telefonat.

Von Walter Stuber

Dass trotzdem wenig bei mir angekommen ist, liegt daran, dass die Perspektive von außen eine ganz andere ist, als die von innen. Versetz Dich für einen Augenblick in die Lage Deines Gegenübers! Du hast Dich ausgiebig mit Deinem Zielkunden beschäftigt und kennst ihn in- und auswendig. Deine Zuhörer wissen nur, was Du ihnen erzählst. Deine Beschreibung ist ihr einziger Anhaltspunkt. Wenn Du eine Wirkung erzielen willst, brauchst Du Methoden, um Deinen Lieblingskunden optimal zu beschreiben.

Bilder und Etiketten

Wir haben schon einmal über Schubladen gesprochen. Hier erlebst Du das gleiche von der anderen Seite. Kreative Bilder sind wichtig, funktionieren aber nicht für sich allein. Die beste Zielkundenbeschreibung arbeitet mit klaren Kategorien, die beim Zuhörer schon vorhanden sind.

Wir dürfen also das tun, was im persönlichen Kontakt sonst eher verpönt ist: Menschen in Schubladen sortieren und ihnen Etiketten ankleben. Erlaube Deinen Partnern, Deine Traumkunden möglichst einfach zu verstehen! Ordne sie so genau wie möglich in die bereits vorhandenen Schubladen Deiner Gesprächspartner ein!

Wenn Du die fertigen Schubladen ausgeschöpft hast, kannst Du dazu übergehen, Deinen Zielkunden mit weiteren Kriterien zu beschreiben. Wichtig ist, dass die nach außen hin sichtbar sind. Deine Netzwerkpartner freuen sich über jedes Merkmal, das sie erkennen. Es ist ein bisschen wie jemand anderem beim Ostereiersuchen zu helfen: Die Schokolade kriegt zwar jemand anders, aber das Finden an sich macht schon einen riesigen Spaß.

Damit das klappt, müssen die Ostereiern schön bunt und deutlich sichtbar sein. Menschen mit über 100.000 Euro Jahresgehalt ist ein klares Kriterium, aber praktisch nicht nützlich, weil ich nicht weiß, wie viel meine Nachbarn verdienen. Menschen, die sich gern einen Porsche in die Einfahrt stellen ist deutlich sichtbarer und führt dazu, dass Deine Zuhörer sofort ihre Nachbarschaft überprüfen.

Mein Zielkunden-Avatar

Frank hat sich schon in der Kindheit mehr für Technik als für Menschen interessiert. Während seine Klassenkameraden auf Partys waren, hat Frank lieber Programmieren gelernt. Menschen wie ihn bezeichnet der Volksmund als „Nerd" und er hat Glück, dass Nerds seit dem Serienstart von „Big Bang Theorie" irgendwie „cool" geworden sind.

Durch dieses Selbstbewusstsein hat er bereits während des Informatikstudiums kleine Entwicklungsaufträge angenommen und sich als Freiberufler etwas dazu verdient. Sein eigenes Herzensprojekt hat er damals schon begonnen und stets weiterentwickelt. Kurz nach seinem Studium ist ein Investor eingestiegen und hat die Software zur Marktreife geführt. Freunde aus seinem Studiengang hat er als Entwickler eingestellt. Die Firma versteht sich als hipp & modern. Hier macht das Arbeiten Spaß. Hierarchien braucht Frank nicht.

Das Geld vom Investor und den Banken bringt dem Start-Up für den Moment finanzielle Stabilität. Doch eigentlich müssten es mehr Kunden sein. Am Anfang hat sein Team versucht, neue Kunden ausschließlich über das Internet zu finden. Computer sind schließlich ihre Welt. Doch sie mussten feststellen, dass dieser Weg mühsam ist und nur zu wenig Erfolg führt. Telefonische Kaltakquise ist nicht ihr Ding. Frank hat ein paar Mal versucht, Firmen mit möglichem Bedarf für seine Software anzurufen, doch das hat gar nichts gebracht. Der zuständige Ansprechpartner war schwer auszumachen. Und wenn Frank doch mal den Richtigen am Telefon hatte, dann hat dieser oft den Nutzen der neuen Lösung nicht verstanden.

Frank weiß, dass der beste Weg zu einem Abschluss der persönliche Kontakt ist. Seine Mitarbeiter und Investoren kamen schließlich auch über den persönlichen Kontakt und nicht über Kaltakquise. Deswegen besucht er seit diesem Jahr Netzwerkveranstaltungen. Am Anfang war er von den vielen Leuten eingeschüchtert. Mittlerweile schafft er es, mit dem einen oder anderen ins Gespräch zu kommen. Man spricht über den Vortrag auf der Veranstaltung und was man so beruflich macht. Ein Abschluss ist daraus noch nie geworden.

Dann hat Frank vom Business Netzwerk International (BNI) gehört. Dort kann man sich jede Woche für eine Minute präsentieren und erhält dann von den anderen Mitgliedern Empfehlungen in Form von Direktkontakten zu den künftigen Kunden – zumindest in der Theorie. Frank hat 1.000 € für die Jahresmitgliedschaft bezahlt und stellt seit 3 Monaten jede Woche fleißig seine Software vor. Er trifft sich mit anderen Mitgliedern für Gespräche zum Vertrauensaufbau und hat bei drei von ihnen auch selber etwas gekauft. Doch für ihn gibt es bisher noch keine guten Empfehlungen und keinen neuen Kunden. Er beginnt das Netzwerken in Frage zu stellen. Er denkt sich: „Dann doch lieber Online-Anzeigen schalten. Das bringt zwar auch nichts, aber wenigstens kann man zu Hause bleiben und spart die Zeit." Doch dann wird ihm die Business Networking Academy empfohlen.

Er bucht den „Empfehlungs-Check" und gewinnt dabei Erkenntnisse, die seine ganze Sichtweise verändern: Nicht sein Umfeld ist schuld, dass er nicht empfohlen wird, sondern er selbst. Ihm wird bewusst, dass er nie einen Kundenavatar definiert und seinen Zielkunden immer zu schwammig beschrieben hat. Die Beschreibung seiner Software war so technisch anspruchsvoll, dass seine Gesprächspartner den Nutzen für den Kunden einfach nicht verstanden haben – allerdings waren sie zu eitel, um das zuzugeben.

Frank entscheidet sich für die Ausbildung zum Profinetzwerker und erlernt in den folgenden Monaten die Techniken der Gewinner. Den ersten Kunden vermittelt ihm Roman Topp persönlich. Und schon bald hat Frank ein eigenes Netzwerk, das jede Woche für ihn aktiv ist und ihm dauerhaft Neukunden mit seinem Wunschprofil bringt. Die Firma kann weiter expandieren und weil Frank sich nicht mehr aktiv um den Vertrieb kümmern muss, hat er mehr Freizeit, kann sich mehr seinen Hobbys widmen und in aller Seelenruhe am Computer sitzen.

Gestalte Deinen Kunden-Avatar!

Nutze die Fragen und Anregungen auf Seite 142, um eine fiktive Persönlichkeit zu schaffen, die Deinem Zielkunden maximal entspricht.

Illustriere die Arbeits- und Lebensumstände Deines Zielkunden, was ihn antreibt und was ihn beschäftigt. Was ist ihm wichtig? Was stößt ihn ab?

Was sind seine Ziele, Wünsche und Aufgaben?

Erzähle eine kleine Episode aus dem Leben dieser Person, in der sichtbar wird, was sie einzigartig und für Dich als Kunde besonders interessant macht!

In diesem Kapitel
hast Du gelernt:

1. Eine gute Empfehlung ist ein Nischenprodukt

2. Wie findest Du Dein Alleinstellungsmerkmal

3. Finde Deine Nische mit zwei sich überschneidenden Kreisen

4. Du willst Kunden mit Problemen

5. Du hast einen Lieblingskunden und andere Sekundärkunden

6. Wie Netzwerk-Pinguine erfolglos Kunden beschreiben

7. Grundsätzlich jeder, das funktioniert nicht

8. Du weißt am besten, wer Dich sucht

9. Woher kommt Dein Lieblingskunde?

10. Wunschkunden perfekt beschreiben

Im nächsten Kapitel entwickeln wir das perfekte Einstiegsangebot, um mit diesem Kunden wie von selbst in Kontakt zu kommen.

DER
APPETIZER

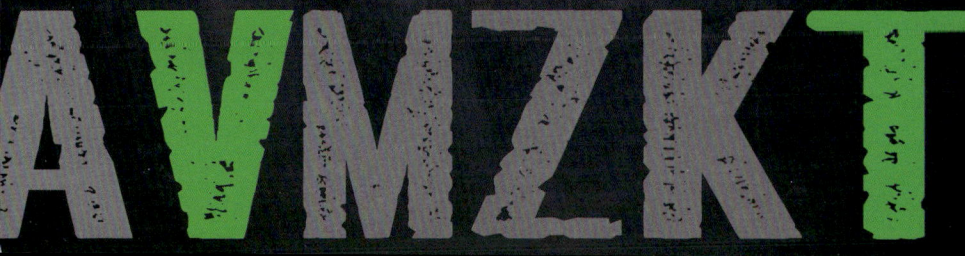

Wir sind im Empfehlungsprozess an einer höchst spannenden Stelle angekommen. Der Empfehlungsgeber hat mit sicherem Auge Deinen Zielkunden ausgemacht. Jetzt kann Dein Netzwerkpartner in Erfahrung bringen, ob Interesse an einer Kontaktaufnahme besteht. Mit einem optimierten Einstiegsangebot kannst Du entscheidend die Anfangshürden reduzieren und Vertrauen erleichtern. Voraussetzung ist, dass Dein Partner genau weiß, wie er Deinen „Appetizer" schmackhaft machen kann. Dafür ist Dein Training entscheidend.

1. Senke die Hürden für Empfehlungen

Aller Anfang ist manchmal ganz schön herausfordernd. Kennst Du das: Da willst Du mal einen Netzwerkpartner von ganzem Herzen empfehlen, aber Du findest einfach keinen Weg, wie Du sein Angebot aktiv an einen spannenden Kontakt herantragen kannst?

Sagen wir, Dein Partner ist Spezialist für richtig edle Küchen. Willst Du vielleicht bei der nächsten Einladung bei Deinem Nachbarn sagen: „Schönes Haus, hübsche Kinder, aber Deine Küche, die ist echt hässlich."

Oder vielleicht ist Dein Partner Immobilienmakler, ein herzensguter Mensch und der absolut beste Ansprechpartner, wenn es darum geht, in heiklen Situationen eine Lösung für ein Haus oder ein Grundstück zu finden. Willst Du dann sagen: „Deine Oma sieht so krank aus. Wenn die mal ins Gras... äh ins Heim zieht, kenn ich jemanden, der ihr Haus verkauft."

Klingt alles irgendwie doof, oder?

Du darfst davon ausgehen, dass es Deinen Netzwerkpartnern mit Dir manchmal genauso geht. Sie wollen Dich empfehlen, aber sie finden keinen leichten, eleganten und einladenden Weg, um Dein Angebot bei einem möglichen Interessenten anzusprechen. Vielleicht sind emotionale Hürden damit verbunden. Vielleicht scheuen sie sich einfach, Freunden und Bekannten etwas zu empfehlen, wofür die viel Geld in die Hand nehmen müssten. Was auch immer den Einstieg in die Empfehlung erschwert, es gibt eine einfache Lösung:

Der Appetizer macht Appetit auf mehr

Häufig besteht ein realer Bedarf für Dein Angebot. Doch es ergibt sich keine realistische Möglichkeit, dieses Angebot bei dem potentiellen Interessenten ins Spiel zu bringen. Ein Tag Coaching mit mir kostet 2.500 Euro. In Relation zu der Anzahl an Neukunden, die ein Unternehmer nach nur wenigen Stunden Privatcoaching mit mir zusätzlich erreichen kann, ist das nicht nur preiswert. Das ist schon ein Schnäppchen. Doch auch meine zufriedensten Kunden empfehlen eine Leistung für mehrere Tausend Euro nicht mal eben so zwischen Tür und Angel.

Wozu auch? Sie können etwas viel Leichteres tun. Vor dem Hauptgericht gibt es die Vorspeise. Die ist sehr lecker, aber auch klein und leicht verdaulich. Und sie lässt sich problemlos im Vorbeigehen empfehlen. Du willst wissen, wie mein Einstiegsangebot aussieht? Du hältst es gerade in der Hand.

Ein trojanisches Pferd mit gutem Inhalt

Eine andere Metapher mit Erkenntniswert ist das trojanische Pferd. An diesem Bild ist vieles dran, das wir auf der Stelle wieder loswerden müssen. In Homers Erzählung ist es zwar einerseits ein cleverer Trick. Aber anderseits ist die tolle Idee vom alten Odysseus auch ein übles Werkzeug der Zerstörung.

Bei uns ist das völlig anders. Wir kommen in Frieden und wollen nur der Stadt Bestes. Aber wer Dich nicht kennt, glaubt das nicht so ohne Weiteres und verriegelt für alle Fälle erstmal die Tore. Empfehlungen sind dann eher schwierig.

Es sei denn, der Empfehlungsgeber hat von Dir ein Werkzeug mitbekommen, das die misstrauischen Stadtbewohner vor ihre Tore lockt. Ein hübsches, kleines Einstiegsangebot, das einem gewissen, legendären Holzpferd gar nicht so unähnlich ist. Es wird neugierig beäugt und schließlich trotz aller Vorbehalte doch mitgenommen.

Steht es erstmal auf dem Marktplatz, dann kann sich zeigen, dass viel mehr drin steckt, als anfänglich gedacht. Natürlich nur Gutes. Aber woher sollten die Stadtbewohner das vorher wissen? Man hat schließlich schon allerhand erlebt, und zwar nicht nur bei den alten Griechen.

2. Die drei Aufgaben des Appetizers

Ich mag Metaphern mit Essen. Der Appetizer hat fast alles, was ein gutes Einstiegsangebot braucht. Die Vorspeise ist klein, aber fein. Billige Konserven und trockener Toast sind als Appetizer ein No-Go. Du willst, dass potentielle Neukunden etwas vom Besten erleben, was Du zu geben hast. Aber nur ein kleines Stückchen davon. Genug, um einigen, die davon probieren, Lust auf das Hauptmenü zu machen.

Der Appetizer hat drei Hauptaufgaben:

1. Er baut bei potentiellen Kunden Kaufhemmungen ab
2. Er baut Vertrauen bei neuen Netzwerkpartnern auf
3. Er macht den ersten Schritt in der Kontaktaufnahme so leicht wie möglich

Das Beste kommt zum Schluss

Ein geübter Verkäufer steigt nie mit dem Premium-Modell ein. Am Anfang kommt die Low Budget Lösung, das Standard-Modell. Stück für Stück kann ein Kunde im Upselling mit den unendlichen Möglichkeiten vertraut gemacht werden, die er sich entgehen lässt. Und das Superpremium-Paket, das der Verkäufer seinem Kunden am liebsten mit nach Hause geben würde, steht erst am Ende auf der Theke.

Das gleiche Prinzip wirkt auch, wenn es uns darum geht, ein wertvolles Angebot zu empfehlen, das auch nicht für Kleingeld zu haben ist. Mit einem sinnvoll gestalteten Appetizer gibst Du zukünftigen Kunden die Möglichkeit, sich mit einer sehr niedrigen Schwelle mit Deinen Inhalten vertraut zu machen. Außerdem erleichterst Du Deinen Netzwerkpartnern massiv die knifflige Aufgabe, den ersten Kontakt herzustellen.

Bei neuen Kontakten Vertrauen aufbauen

Einige Unternehmer brauchen sehr viel Zeit für den Vertrauensaufbau. Das gilt vor allem für Menschen vom Typ Eule, die Du auf Seite 212 näher kennenlernen wirst. Es braucht kleine Schritte, bis sie gewillt sind, Dich zu empfehlen.

Das ist zwar psychologisch nachvollziehbar, aber nicht immer leicht umsetzbar. Ich habe nicht die Zeit, einen Consultingtag im Wert von 2.500 € zu verschenken, damit Herr und Frau Eule möglicherweise gewillt sind, ihr angeborenes Misstrauen abzulegen. Hier hilft der Appetizer: Mit wenig Zeiteinsatz und Kosten können sich meine neuen Netzwerkpartner damit ein klares Bild vom Nutzen meiner Dienstleistung machen.

Mit einem Klick Kontakt herstellen

Wie machen wir die Kontaktaufnahme so leicht wie möglich? Um Empfehlungen aussprechen zu können, brauchen wir eine Möglichkeit, Verbindungen herzustellen, die so wenig Widerstand wie nur möglich beinhalten. Ein Kontaktpunkt, der fast von allein funktioniert: Wie ein Magnet und ein Eisennagel.

Dafür muss Dein Appetizer eine Menge leisten. Er soll aufregend und anziehend sein. Gleichzeitig simpel benennbar und handlich. Außerdem so klein und leicht, dass kein Risiko besteht. Zudem muss sich dieser Appetizer möglichst einfach servieren lassen. Denn Du bist im kritischen Moment nicht dabei und ein kompliziertes Einstiegsangebot könnte einen Netzwerkpartner, der Dich empfehlen will, im wichtigsten Moment überfordern.

3. Checkliste für Deinen Appetizer

Schauen wir uns die wichtigsten Eigenschaften Deines Einstiegsangebots einmal näher an:

wertvoll

attraktiv

klein und handlich

einfach kommunizierbar

kontinuierlich oder zeitlich unbegrenzt

günstig, aber nicht kostenlos

Hier noch ein Beispiel für die Wirkung des Appetizers aus meiner eigenen Praxiserfahrung. Eines Tages bekomme ich einen Anruf von Frank aus Trier. Ich habe ihn vorher nicht gekannt. Frank sagt mir folgendes: „Ich war drauf und dran, die Mitgliedschaft beim BNI hinzuschmeißen. Dann hat mir jemand Ihr Buch empfohlen. Ich hab es bestellt, durchgelesen und endlich Netzwerken und BNI verstanden. Wenn wir jetzt ein großes Treffen mit mehreren Chaptern haben und die Pinguine in ihren Ecken stehen, dann gehe ich hin und mische sie schön durch. Was ich eigentlich sagen wollte: Kann ich auch das Hörbuch haben?"

4. Dein Appetizer ist wertvoll

Bitte: Verwechsle Deinen Appetizer niemals mit einem Werbegeschenk! In Deinem Einstiegsangebot steckt ein sichtbarer, messbarer und spürbarer Teil dessen, was Dein eigentliches Angebot ausmacht. Billige Imitate, Nippes von der Resterampe und Glitzerverpackungen ohne Inhalt sind das exakte Gegenteil. Andere Leute machen Ankündigungen und Versprechen. Dein Appetizer ist ein echtes, fertiges und hochwertiges Produkt.

Der Profi wählt als Startangebot etwas vom Besten, was er zu geben hat. Der erste Eindruck zählt. Bei der Partnerwahl hast Du vielleicht eine zweite Chance. Bei einer Empfehlung so gut wie nie. Entweder wird es Liebe auf den ersten Blick oder die Karawane zieht ohne Dich weiter.

Vielleicht kennst Du die Geschichte aus der Bibel, als die Party voll im Gange ist und Jesus das Mineralwasser in guten Roten verwandelt? Zu Recht wundern sich die Gäste: Der gute Wein erst ganz zum Schluss? Wer macht denn sowas? Du bitte nicht. Du lässt Deine potentiellen Kunden bitte schon ganz am Anfang die edelsten Tropfen verkosten! Aber nicht die ganze Flasche. Sondern nur einen kleinen Schluck.

5. Dein Appetizer ist attraktiv

Wahre Schönheit kommt von innen. Das nützt Dir im Fall Deines Appetizers aber nicht das Geringste, wenn der Kunde, dem Dein Angebot empfohlen wird, diese Schönheit gar nicht erst auspackt. Gerade haben wir davon gesprochen, dass Dein Einstiegsangebot einen echten, greifbaren und sogar beträchtlichen Wert haben muss. Du hast alle Gründe der Welt, diesen Wert auch nach außen hin deutlich sichtbar zu machen.

Packst Du Deinen Appetizer in eine graue Box und schreibst mit Filzstift „Warenprobe" oben drauf? Ist ja nur das Einstiegsangebot, warum solltest Du Dir dafür Mühe geben? Wer das tut, geht wahrscheinlich auch in Jogginghose und Unterhemd zum ersten Date.

Dein Appetizer ist das einzige, wichtigste und unverzichtbare Mittel für einen Erstkontakt, aus dem eine dauerhafte, fruchtbare Beziehung entstehen soll. Also nimm das allerbeste Geschenkpapier und mach eine große, dicke Schleife obendrauf, damit dieses wunderbare Päckchen die besten Chancen hat, geöffnet zu werden!

6. Dein Appetizer ist klein und handlich

Auch die große Liebe beginnt mit einem kleinen Kaffee. Überrenne einen Interessenten nicht mit einem Angebot, dass zu groß für den Anfang ist! Zwischen Dir und dem Traumkunden, der Dich vielleicht nie kennenlernt, erstreckt sich das düstere Tal der verlorenen Aufträge. Wenn ein Empfehlungsgeber die erste Beziehungsbrücke über den Abgrund bauen will, muss er das behutsam tun. Über diese Brücke gelangst Du nur mit leichtem Gepäck. Dein Einstiegsangebot darf die erste Verbindung nicht mit zu großen Lasten überfordern.

Ein 24-Stunden-Hörbuch? Aua. Eine „Erstberatung" über drei Monate? Danke, lieber nicht. Selbst das verlängerte Seminarwochenende zum Schnupperpreis ist recht happig. Einen Tag mit kurzer Anfahrt probiert mancher Interessent gerne aus. Ein Wochenende mit Übernachtung schon deutlich weniger. Gestalte Dein Einstiegsangebot so klein, handlich und günstig, dass sein Preis und die erforderliche Zeit und Aufmerksamkeit auf Deinen Zielkunden möglichst leicht und einladend wirken!

7. Dein Appetizer ist einfach kommunizierbar

Warum ist das so wichtig? Weil nicht Du darüber sprechen wirst, sondern Partner, die Dich zu jeder sich bietenden Gelegenheit ins Spiel bringen möchten. Wie diese Gelegenheit beschaffen sein wird, könnt Ihr nicht wissen. Wie viel Zeit zur Verfügung steht und ob es Ablenkungen gibt. Auch die Aufmerksamkeit, die ein Empfehlungsgeber für Deinen Appetizer erübrigen kann, ist nicht endlos. Es kann ja durchaus sein, dass er auch noch andere Punkte auf seiner To-Do-Liste hat, als Dir einen geschäftlichen Kontakt zu vermitteln.

Du hältst Dir die meisten Türen offen, wenn sich Dein Einstiegsangebot so klar benennen lässt, dass es Deinem Netzwerkpartner locker und ohne Nachdenken auf der Zunge liegt! Empfehlungen ergeben sich häufig ganz beiläufig. Ich spreche einen großen Teil meiner Empfehlungen im Vorbeigehen aus. Dabei habe ich keine Zeit und auch gar keine Lust, ein Angebot groß und breit zu erklären. Wenn ich nach den passenden Worten suchen müsste, weil der Appetizer meines Netzwerkpartners so kompliziert und schwer verständlich ist, habe ich dafür eine einfache Lösung: Ich lasse es. Mach es Deinen Netzwerkpartnern mit Deinem Einstiegsangebot so einfach wie möglich! Dann werden sie es auch gerne verwenden.

8. Dein Appetizer ist kontinuierlich oder zeitlich unbegrenzt

Das beste Einstiegsangebot nützt wenig, wenn es im Augenblick der Wahrheit grad nicht verfügbar ist. Vor allem bei Appetizern in Form von Veranstaltungen ist diese Überlegung zentral. Kein Mensch erinnert sich im richtigen Augenblick an ein Datum. Falls das Wunder doch passiert, kann Dein potentieller Traumkunde sich das leider gerade nicht notieren.

Dagegen können alle Deine Partner regelmäßige und zeitlich unbegrenzte Angebote über Monate und Jahre hinweg streuen. Wenn Du ein Buch verschenkst oder gegen Druckkostenbeitrag abgibst, funktioniert das immer. Wenn Du eine Veranstaltungsreihe anbietest, dann achte auf einen absolut eindeutigen, wiederkehrenden Termin:

Die Sprechstunde für altersgerechte Immobilien jeden Mittwoch 16 bis 18 Uhr? Perfekt.

Einstiegsberatung zu nachhaltiger Rendite jeden zweiten Mittwoch im Monat und den wechselnden Ort entnimmt der Kunde ganz einfach Deiner Webseite? Da sehe ich Hürden.

Offener Themenabend zu Gesundheit am Arbeitsplatz am 15. Juni, 6. Juli und vielleicht noch einmal im September? Das kann sich nicht einmal der Veranstalter merken. Dieses Angebot mag wertvoll sein. Leider ist es ohne begleitende Notizen absolut nicht kommunizierbar und wird daher auch nicht zu Empfehlungen führen. Die zarten Bande, soeben erst geknüpft, sind damit schon wieder abgerissen.

9. Günstig aber nicht kostenlos

Kommen wir zum letzten Punkt, an dem sich die Geister scheiden. Mein persönlicher Ansatz ist, dass ein Appetizer lächerlich günstig sein darf, aber nicht kostenlos sein sollte. Die Netzwerkmaus macht ihr Einstiegsangebot gerne kostenlos. Und Mäuse zu kopieren ist in der Regel keine gute Idee.

Fakt ist: Die Leute, die Du als Kunden suchst, wollen nichts geschenkt haben. Gratis ist immer verdächtig und wirkt von vornherein wertlos. Oder der Kunde wittert einen Haken: Vielleicht entpuppt sich das gute Angebot als trojanisches Pferd im üblen Sinne? Vielleicht soll er am Ende irgendetwas abonnieren?

Mit sehr wertvollen Geschenken bringst Du Dein Gegenüber leicht in Verlegenheit. In der Kabbalah spricht man vom Brot der Schande: Ein Geschenk, das den Empfänger herabwürdigt. Auch das kann die Wirkung Deines Appetizers zunichtemachen.

Ich habe eigene Erfahrungen mit kostenlosen Einstiegsangeboten gemacht. Früher habe ich gern Tickets für Coachings und Seminare verschenkt. Dahinter stand die Idee, Leuten zu helfen, denen es so ging, wie mir noch ein paar Jahre zuvor.

Das hat sich in meiner Erinnerung nie gelohnt. Rate, welcher Teilnehmer während des kompletten Seminars mehr Zeit mit seinem Handy gespielt hat? Kleiner Tipp: Es war keiner von denen, die dafür bezahlt haben.

Auf der anderen Seite ist das Gratis-Angebot bei bestimmten Formaten sinnvoll, wo es allgemein etabliert ist, gute und hochwertige Produkte kostenlos zur Verfügung zu stellen. Das betrifft vor allem Lehrinhalte auf Online-Plattformen, E-Books und E-Paper, Webinare und Tutorials.

Noch ein spannendes Argument gegen den kostenlosen Appetizer ist der sogenannte Energieausgleich. Ich hab das zum ersten Mal gehört, als ich furchtbare Rückenschmerzen hatte. Ein Freund schickte mich zu einer alternativen Therapeutin.

Ich habe bis heute keine Ahnung, was die gemacht hat. Aus meiner Perspektive hat sie in anderthalb Metern Entfernung von mir herumgefuchtelt. Ich konnte drei Tage danach noch gerader sitzen, als je zuvor. Am Ende bat sie mich, ihr einen Euro zu überweisen. Nicht als Bezahlung, sondern zum Energieausgleich.

Das hat mich an "So denken Millionäre" erinnert, das eine meiner wichtigsten Inspirationsquellen gewesen ist. Harv Eker empfiehlt: „Wenn Du kurz vor der Pleite stehst, dann spende alles, was Du noch hast!" Er funktioniert, der Energieausgleich.

Statt den Appetizer kostenlos zu verteilen, ziehe ich die Variante „lächerlich günstig" vor. Es ist in Ordnung, wenn Du mit diesem Preis keinen Gewinn machst und den größten Teil der Kosten drauflegst. Der geringe Preis erzeugt ein gutes Gefühl für eine sehr niedrigschwellige Investition. Der Preis ist nur symbolisch, macht das Produkt aber zusätzlich attraktiv.

10. Kontakt herstellen und halten

Nun hat sich Dein Kunde entschieden, den Appetizer auszuprobieren. Geschmeckt hat es ihm auch. Was jetzt? Vielleicht kommt er sofort zu Dir und fragt, wo er unterschreiben soll. Das wäre schön. Aber die Wenigsten tun das und trotzdem willst Du den wertvollen Kontakt weiter ausbauen, solange Dein Geschäftsmodell nicht auf dem Verkauf von Appetithäppchen beruht.

Dein Appetizer muss also auch eine klare Einladung zur Kontaktaufnahme beinhalten. Wenn Dein E-Book mit „Tschüßi und alles Gute" endet, ist das nicht unbedingt geeignet. „Danke für Deine Aufmerksamkeit. Bitte schreib mir kurz, was Dir gefallen hat und was nicht!" ist schon etwas besser. Vor allem, wenn der Satz ein gut erkennbarer Hyperlink ist, der sofort eine E-Mail öffnet.

Bei einer klassischen Empfehlungssituation ist die Lösung simpel. Denn Du hast die Kontaktdaten vom Empfehlungsgeber erhalten und der Interessent wartet auf Deine Kontaktaufnahme. Doch wenn Du Deine Chancen optimal nutzen willst, sorgst Du dafür, dass Dein Appetizer in jedem Fall mit einer klaren Einladung zur Kontaktaufnahme verbunden ist.

Einige Beispiele für gut funktionierende Appetizer

Das Gratisbuch für eine Versandkostenpauschale

Hauptangebot ist das Coaching. Der Appetizer fasst die Grundinhalte der Beratung zusammen. Der Leser erfährt, in welchen Bereichen er sich weiterentwickeln kann und welchen Wert diese Entwicklung für ihn haben kann und kann schon erste Schritte gehen. So erlebt er den faktischen Wert der Inhalte und hat zugleich gute Gründe, in das volle Coaching-Programm zu investieren.

Die Versandkostenpauschale ist ein guter Weg, um Produkte sehr günstig, aber nicht kostenlos anzubieten. „Topp vernetzt – das Praxishandbuch für Netzwerkveranstaltungen" funktioniert nach exakt diesem Prinzip. Bekommen kannst Du es auf www.netzwerken.net.

Die Immobilienbroschüre

Auf einem Unternehmerfrühstück fiel mir ein sehr schön gestaltetes Buch in die Hände. Ein hochwertiger Ratgeber für die altersgerechte Gestaltung von Immobilien. Enthalten waren zahlreiche Tipps und Hintergründe zum Thema und praktische Informationen zum elektrischen Rollladen, Treppenlift, Wannenlift, Gardinenlift und so weiter und so fort. Nebenbei gab es auch Angaben zu den durchschnittlichen Kosten. Am Ende beliefen sich die auf rund eine Viertelmillion Euro für den Umbau.

Die Informationen waren wertvoll und gut aufbereitet. Nebenbei vermittelte die Broschüre frech und clever die Idee, sich vielleicht doch eine hübsche Wohnung zur Miete zu besorgen und mit dem übrigen Geld jedes Jahr eine Kreuzfahrt zu machen. Die Telefonnummer des Maklers konnte man dann gleich auf der Rückseite finden. Ein gutes Beispiel für ein Einstiegsangebot nach dem Muster des trojanischen Pferds.

Schnupperteilnahme mit begrenzten Möglichkeiten

Das BNI nutzt diese Möglichkeit mit großem Erfolg, um neuen Interessenten Lust auf eine kostenpflichtige Mitgliedschaft zu machen. Das Einladen von Gästen gehört in den aktiven Chaptern zum Alltag.

Gäste können wie alle Mitglieder ihren Pitch vortragen, haben aber nicht die Möglichkeit, ihr Unternehmen in einer 10-Minuten-Präsentation vorzustellen. Die Schnupperteilnahme erlaubt auch nur eine begrenzte Anzahl von Besuchen im Jahr. Die Gäste bekommen Einblick in das Engagement der Runde. Sie sehen, wie die Empfehlungen fließen und nehmen den einen oder anderen Kontakt mit. Das macht Vielen Lust auf mehr.

Gestalte JETZT Deinen Appetizer!

Hier noch einmal die Checkliste für ein funktionierendes Einstiegsangebot:

- ☐ Wertvoll
- ☐ Attraktiv
- ☐ klein und handlich
- ☐ einfach kommunizierbar
- ☐ kontinuierlich oder zeitlich unbegrenzt
- ☐ günstig, aber nicht kostenlos

Finde eine Möglichkeit, Dein Produkt oder Deine Dienstleistung anzubieten, sodass alle Anforderungen erfüllt sind!

In diesem Kapitel hast Du gelernt:

1. Senke die Hürden für Empfehlungen
2. Die drei Hauptaufgaben des Appetizers
3. Was macht einen perfekten Appetizer aus?
4. Dein Einstiegsangebot ist wertvoll
5. Dein Einstiegsangebot ist attraktiv
6. Dein Einstiegsangebot ist klein und handlich
7. Dein Einstiegsangebot ist einfach kommunizierbar
8. Dein Einstiegsangebot ist kontinuierlich oder zeitlich unbegrenzt
9. Dein Einstiegsangebot fordert auf, Kontakt zu halten
10. Dein Einstiegsangebot ist günstig, aber nicht kostenlos

Im nächsten Kapitel sind wir schon mitten im Geschehen drin, in dem Dein Appetizer seine Wirkung entfalten soll. Wir schauen uns das Verhalten auf Netzwerkveranstaltungen an.

kapitel 8

DAS RICHTIGE VERHALTEN AUF NETZWERK VERANSTALTUNGEN

AVMZKT

In diesem Kapitel gehen wir direkt ins Zentrum des Geschehens. Der Kern jeder Netzwerkarbeit besteht im Aufbau von neuen Kontakten. In diesem Teil lernst Du eine breite Palette an Möglichkeiten und Situationen kennen, die dafür wie geschaffen sind. Du bekommst eine klare Vorstellung davon, welche Ziele für Dich auf diesen Veranstaltungen im Mittelpunkt stehen sollten und welches Verhalten Dich diesen Zielen näher bringt.

Im zweiten Teil des Kapitels begegnest Du den verschiedenen Netzwerktypen. Dabei entwickelst Du ein tieferes Verständnis für die Stärken und Schwächen Deiner Partner und bekommst die wertvolle Gelegenheit, Deine eigenen Kompetenzen zu prüfen und zu erweitern.

1. Wo treffen sich Netzwerker

Du kannst die Ergebnisse Deiner Netzwerkarbeit dem Zufall überlassen und auf der Straße jeden ansprechen, den Du spannend findest. Das ist sicher interessant und kann eine wertvolle Erfahrung sein. Aber Effektivität sieht anders aus. Du kannst Dir auch vorher überlegen, wie Du die Zeit, die Du jede Woche in Dein Netzwerk steckst, am besten investierst.

Hier ist noch eine kleine, inoffizielle Erfolgsregel für Dich: Geh zum Pilze suchen nicht einfach irgendwohin! Geh in den Wald, wo die Pilze wachsen!

Das Ziel beim Netzwerken ist, Dich mit anderen zu verbinden. Daher kannst Du wohl davon ausgehen, dass sich Andere schon die gleichen Gedanken gemacht haben wie Du und dass es Orte gibt, wo sich diese Menschen treffen? Ich kann Dir bestätigen: Die gibt es. Eine ganze Menge davon. Vor Dir ausgebreitet liegt eine große Auswahl an Organisationen und Gruppen, Orten und Anlässen, wo Du gezielt andere Netzwerker treffen kannst.

Der natürliche Lebensraum von PiGeiLeon und Co. sind Netzwerkveranstaltungen. In einigen bin ich seit langer Zeit als Mitglied und Trainer aktiv oder habe exponierte Direktorenämter. Andere habe ich selbst gegründet oder war an ihrer Entstehung persönlich beteiligt. Es ist angerichtet und Du darfst Dich bedienen.

Darf ich da so einfach auftauchen?

Oft kommen Menschen zu mir, die gern ins Netzwerken starten möchten, sich aber nicht so richtig trauen. Halb schielen sie auf die Sicherheit des nächsten Mauselochs und fragen sich: Kann ich da einfach so auftauchen? Kurze Antwort: Ja. Genau dafür sind Netzwerkveranstaltungen erfunden worden.

Wenn wir keine Lust auf neue Mitspieler hätten, dann könnten wir den anstrengenden Teil sein lassen und unsere volle Aufmerksamkeit dem Salatbuffet widmen. Was sich echte Netzwerker am meisten wünschen, sind authentische Inhalte und Persönlichkeiten, die als mögliche Partner das eigene Netzwerk bereichern. Mit anderen Worten:

Du wirst erwartet.

Bevor wir uns der Frage widmen, wie Du auf diesem Parkett am besten auftrittst, gebe ich Dir noch eine nicht abschließende Liste mit verschiedenen Möglichkeiten, um die Treffen zu finden, die am besten zu Dir passen. Der größte Teil dieser Liste war auch die Basis für die 100-Tage-Challenge.

BNI – Business Network International ist das größte Unternehmernetzwerk für Empfehlungsgeschäft weltweit. Strenge Disziplin. Anwesenheitsgebot beim Frühstück JEDE Woche um 7.00 Uhr morgens. Sicher nicht jedermanns Sache, doch wer sich voll darauf einlässt und die Techniken aus diesem Buch umsetzt, wird neue Kunden am Fließband bekommen.

BVMW – der Bundesverband Mittelständische Wirtschaft bringt regelmäßig regionale Unternehmen vieler Branchen an einen Tisch. Freier als BNI. Das hat Vorteile und Nachteile. Grundsätzlich steht und fällt der eigene Erfolg mit dem Engagement des persönlichen Betreuers. Verglichen mit dem BNI sind hier auch deutlich größere Unternehmen.

Lions / Rotarier – engagiertes, weltweites Club-Netzwerk mit Schwerpunkt auf gegenseitiger Hilfe auf lokaler, regionaler und internationaler Ebene

WJ Wirtschaftsjunioren – das größte Netzwerk für junge Unternehmer in Deutschland und auch global gut vernetzt unter dem Namen JCI. Hier steht nicht das Business im Vordergrund, sondern der karitative Gedanke.

Gründer-Stammtische – eine gute Möglichkeit für junge Unternehmen, sich mit aufstrebenden Firmen zu vernetzen, lange bevor alle anderen es auch tun. Vorsicht vor „Want-to-preneuren": Oftmals tummeln sich hier Hippster-Kinder, die seit Jahren von ihrem megakreativen Start-Up sprechen, das bald „das neue Facebook" herausbringen wird und schon morgen geht es los. Tatsächlich sind die Besuche bei den Gründerstammtischen eher die Beruhigung des eigenen Gewissens und der Versuch wenauchimmer im eigenen Umfeld damit zu beeindrucken.

Toastmasters Rhetorikklub — Weltweit größter Verband um wortgewandtes Reden zu verbessern. Ist zwar nicht im engeren Sinne zum Vernetzen gedacht, doch das passiert ganz automatisch. Menschen, die sich weiterentwickeln wollen, sind grundsätzlich gute Netzwerkpartner.

Branchen-Stammtische — hier findest Du Kollegen, Konkurrenten und wertvollen Input aus Deinem eigenen Tätigkeitsbereich. Kunden wirst Du hier schwerlich finden. Dafür interessante Informationen und die Möglichkeit zur Kooperation. Branchenfremde Stammtische lassen sich gezielt ausnutzen, um mit Akteuren aus Deinen Zielbranchen in Kontakt zu kommen.

Business-Speeddating — fülle Deine Kontaktliste in Rekordzeit und trainiere Deinen Pitch! In Dresden habe ich dieses Format selber eingeführt. Eine schöne Möglichkeit, in wenig Zeit viele Kontakte zu knüpfen. Schau mal, ob es das auch in Deiner Stadt gibt. Wenn nicht — vielleicht hast Du selber Lust, sowas aufzubauen. Schau Dir dazu den nächsten Punkt an.

Messen — der klassische Rahmen, um gezielt Unternehmer zu treffen und neue Kontakte zu knüpfen

Seminare, Workshops und Fachtagungen — wer sich richtig verhält, nimmt neben wertvollen Inhalten auch Kontakte zu anderen Unternehmern mit nach Hause

Spontane Besuche sind allerdings nicht immer möglich oder sinnvoll: Melde Deinen Besuch einige Tage vorher an!

2. Self-made Netzwerkveranstaltung

Du meinst, das reicht für die ersten fünf Jahre? Kann sein. Aber es ist noch lange nicht alles. Jeder beliebige Anlass kann für Dich zur Netzwerkveranstaltung werden. Es braucht dafür nur zwei Zutaten:

viele Menschen, die etwas Interessantes tun

mindestens einen, dem das Knüpfen von Beziehungen im Blut liegt

Wo triffst Du Menschen, die interessante Dinge tun? An der Kaffeetafel bei der goldenen Hochzeit Deiner Großeltern oder beim Alumni-Treffen Deines Studiengangs. Bei der Grillparty im Garten der neuen Nachbarn und beim Glühweinausschank auf dem Weihnachtsmarkt.

Wenn Du konsequent anwendest, was Du in diesem Buch liest, erfüllst Du die zweite Voraussetzung selbst. Verhalte Dich effizient und Du wirst auch im Alltag wie von selbst wertvolle Kontakte knüpfen, die zu Empfehlungen führen.

Das Verhalten, das Du dafür kultivieren möchtest, geht Deinem Gesprächspartner nicht auf die Nerven. Im Gegenteil. Es gibt ihm das Gefühl, dass die Begegnung mit Dir seinen Tag bereichert hat. Und zwar aus einem ganz einfachen Grund: Weil es stimmt.

3. Dabei sein ist nicht alles

Es heißt Netzwerktreffen - nicht Frühstückstreffen. Es ist ein Trugschluss, dass jemand automatisch ein Netzwerker wäre, weil er regelmäßig eine Veranstaltung mit diesem Etikett besucht. Die Kompetenz für Empfehlungen und wie viel jemand zu Deinem Netzwerk beitragen kann, erkennst Du daran, wie sich diese Person auf der Netzwerkveranstaltung verhält.

Es ist leicht, in einem Netzwerk erfolgreich zu sein, in dem ausschließlich Geübte und Naturtalente unterwegs sind. Aber die Wirklichkeit sieht anders aus und damit müssen wir umgehen, wenn wir unsere Ziele erreichen wollen. Eine zentrale Frage lautet also: Was kannst Du tun, um Deine Partner zu den besten Netzwerkern zu machen, die Du Dir nur wünschen kannst?

Ich kenne auch Leute, die seit Jahren jede Woche zum Businessfrühstück gehen und diese Zeit besser in einen Yogakurs angelegt hätten. Weil sie zwar anwesend sind, aber eigentlich nichts machen, das mit Netzwerkarbeit etwas zu tun hat: Weder für sich noch für Andere.

Ich klinge hier vielleicht ein bisschen scharf. Das liegt daran, dass ich bei solchen Beobachtungen tatsächlich Emotionen entwickle. Ich sehe die verpassten Chancen, die so mancher schon häufig hätte erleben können. Die Begegnung mit diesem Menschen ist für alle im Raum seit Jahren zwar immer wieder nett, aber auch völlig ohne Wirkung. Daran will ich etwas ändern.

Das Geheimnis liegt in der Übung. Einige wichtige Schritte vom Trostpreis zum Hauptgewinn hast Du schon hinter Dir: Mission und Vision, Zielkunde und Einstiegsangebot gehören zu den viel zu oft vernachlässigten Instrumenten, mit denen Du und auch Deine Netzwerkpartner den entscheidenden Unterschied machen.

Zitat von einem der erfolgreichsten Netzwerker aller Zeiten (leicht abgewandelt): „Bittet, so wird Euch gegeben! Sucht, so werdet Ihr finden! Klopft an, so wird Euch aufgetan! Steht herum und esst Rührei, so werdet Ihr auch nächste Woche da stehen. Und die Woche drauf."

Wo gehst Du hin
und was hast Du vor?

Bereite Dich vor und mach Dich mit der Veranstaltung vertraut, die Du besuchen willst: Was passiert dort normalerweise? Wer wird dort sein? Aus welchem Grund und mit welchem Ziel? Gibt es eine feste Struktur und eine Tagesordnung?

Beim BNI ist es zum Beispiel üblich, dass auch Gäste einen 60-Sekunden-Pitch vortragen. Wirst Du den Pitch aus dem Ärmel zaubern oder überlegst Du Dir genau, was Du der Runde mitteilen willst? Andere Netzwerkveranstaltungen haben eine offene, lose Struktur. Hier liegt es an Dir, vorher zu entscheiden, was für Situationen Du erreichen möchtest und wie Du sie gezielt herstellen kannst.

Ein letzter Punkt, bevor Du losgehst: Führ Dir klar vor Augen, in welcher Rolle Du dort anwesend sein willst! So, wie Du Dich siehst, werden Dich auch Andere sehen. Du tust Dir also den größten Gefallen, wenn Du es aus vollem Herzen genießt, dort zu sein. Entspann Dich, atme tief durch und freue Dich auf neue Chancen und spannende Begegnungen!

Unter vier Augen

Die Grundsätze, die Du hier lernst, gelten praktisch für jede Begegnung mit dem Potential, zu wertvollen Kontakten zu führen. Der Fokus liegt auf längeren Gesprächen zu zweit.

Begegnungen am Buffet, auf einer Messe, als Gast in einer fremden Gruppe oder ganz einfach im Bistro in der Mittagspause sind Momente für die erste Kontaktaufnahme. Sie bieten Raum für den Pitch und einen kurzen Austausch im Anschluss. Vielleicht werden Visitenkarten ausgetauscht. Dann geht der geübte Netzwerker oft direkt zum Nächsten über.

Während ich diese Zeilen schreibe, bereite ich mich geistig auf die „Dresdner Weitsicht 2018" vor. Dabei handelt es sich um DIE Unternehmer- und Entscheidermesse in meiner Residenzstadt: Eine Netzwerkveranstaltung mit enormem Potential. Nun könnte ich den Verlauf des Tages dem Zufall überlassen und mir denken, dass schon irgendwas bei rum kommt, wenn viele Unternehmer im selben Raum versammelt sind.

Aber ich bin kein Pinguin. Stattdessen habe ich ein klares Konzept in meinem Kopf, wie der Freitag in dieser Woche ablaufen wird:

- Gespräch mit Jens G. über eine nähere Zusammenarbeit
   mit dem BVMW auf Bundesebene
- Daniela mit Martina ins Gespräch bringen,
   weil sie eine Bereicherung für das Team vom Kempinski wäre
- Thomas mindestens 3 aber eher 5 Kontakte vorstellen,
   für die seine Videosoftware wertvoll ist
- Ein weiteres Ziel besteht darin, mindestens 5 weitere Interessenten zum Start
   einer neuen MasterMindGruppe in Dresden zu gewinnen.
- Einige Mitglieder der bestehenden MasterMindClubs aus Leipzig und Chemnitz
   werden anreisen, um mich dabei zu unterstützen. Ich nutze die Messe für
   ein exklusives live Coaching mit ihnen, das ich sonst nur im Rahmen der
   „Empfehlungsexplosion" anbiete.
- Für jedes Mitglied des MasterMindClubs soll die Messe schließlich mindestens einen
   Neukunden aus meinem eigenen Kontaktnetzwerk bringen.

So klar und präzise sind meine Zielvorstellungen. Exakt in dieser Form werde ich es am Freitagmorgen in meiner Morgenroutine visualisieren. Und so oder so ähnlich wird es passieren. Denn ich bin dort nicht zum Essen und zum netten Beisammensein, sondern zum aktiven Netzwerken.

Mit den interessantesten Kandidaten verabredet er sich zum Kennlern-Gespräch. Das ist der optimale Rahmen für den wichtigsten Teil der Netzwerkarbeit. In den Strukturen des BNI ist dieses Gesprächsformat zum Beispiel fest verankert.

Hier ist Raum für die großen Fragen: Wer bin ich und wer bist Du? Wie kann ich Dir helfen? Und was kannst Du konkret für mich tun? Die Verabredung zu Kooperationsgesprächen unter vier Augen mit spannenden Partnern sollte auf jeder Netzwerkveranstaltung Deine Top-Priorität sein. Wenn Dir das gelungen ist, kannst Du nahtlos mit den Techniken weiter arbeiten, die Du im Kapitel 4 gelernt hast.

4. Ins Gespräch kommen und im Gespräch bleiben

Der Hauptgrund, um auf Netzwerkveranstaltungen zu gehen, ist die Möglichkeit, mit anderen Unternehmern ins Gespräch zu kommen. In diesem Abschnitt gehen wir detailliert darauf ein, wie dieses Gespräch zustandekommen kann. Es nützt Dir überhaupt nichts, wenn Du in der Woche auf drei Treffen gehst, dabei aber null Gespräche führst. Ich stelle Dir jetzt fünf Techniken und Prinzipien vor, die Dir helfen, ins Gespräch zu kommen und Gesprächsanteile zu erhalten.

1. Die drei interessantesten Menschen

Gleich zu Beginn lernst Du eine mächtige Technik kennen, die vor allem dann weiterhilft, wenn Du in einem neuen Kreis noch gar niemanden kennst. Frag den Gastgeber:

„Wer sind in diesem Raum die drei interessantesten Menschen, die ich unbedingt kennenlernen sollte?"

Er wird kurz nachdenken und Dir dann drei Namen nennen und begründen, weshalb er sie für besonders interessant hält. Nun kannst

Du zu diesen Menschen gehen und sie direkt ansprechen: „Guten Tag, Herr Müller. Kann ich mich kurz zu Ihnen gesellen? Der Gastgeber hat gerade davon gesprochen, wie Sie Ihr Bauunternehmen führen. Er hält Sie für einen der spannendsten Kontakte hier." Was soll Herr Müller jetzt sagen? Ihr werdet unweigerlich ins Gespräch kommen und Du bist auf dem besten Weg, einem wertvollen Kontakt Dein eigenes Angebot vorzustellen.

Du kannst auch prinzipiell in jedem Gespräch nach drei neuen, spannenden Menschen fragen. So habe ich in der Challenge das gesamte neue Netzwerk aufgebaut.

2. Achte auf die Gesprächshaltung

Achte auf die Gesprächshaltung Deines Gegenübers. Je nach Gruppe kann ie unterschiedlich aussehen. In 2er, 3er oder 4er-Konstellationen gibt es typische offene und geschlossene Gesprächshaltungen.

Sprich Personen an, die in einer offenen Haltung sind. Lass die Finger von Menschen, die sich abschotten. Du wirst mit großer Wahrscheinlichkeit Deine Zeit verschwenden und bei einem Menschen in schlechter Stimmung vielleicht sogar ungeachtet Deines sympathischen Auftretens einen schlechten Eindruck hinterlassen.

Oft fehlt dem Netzwerker gar nicht der Mut, sondern nur das Wissen, was er eigentlich sagen kann. Lieber Leser: Wenn Du nicht weißt, mit welchen Worten Du an eine unbekannte Person herantreten kannst, dann tu Dir jetzt einen riesengroßen Gefallen und merk Dir einfach nur diesen einen Satz:

„Was machen Sie denn Schönes?"

Das ist der Satz, den ich auf Netzwerkveranstaltungen mit Abstand am häufigsten ausspreche. Er führt zuverlässig dazu, dass Dein Gegenüber von genau den Dingen spricht, über die Ihr miteinander ins Gespräch kommen wollt.

Wende danach die Techniken an, die wir im Kapitel Empfehlung bereits ausführlich beschrieben haben! Zeige ehrliches Interesse. Frage nach seinen Visionen und wie Du ihn dabei unterstützen kannst, sie zu verwirklichen. Dadurch erzeugst Du Sympathie und vielleicht sogar gleich im ersten Gespräch eine Empfehlung.

Gesprächshaltungen

geschlossen   offen

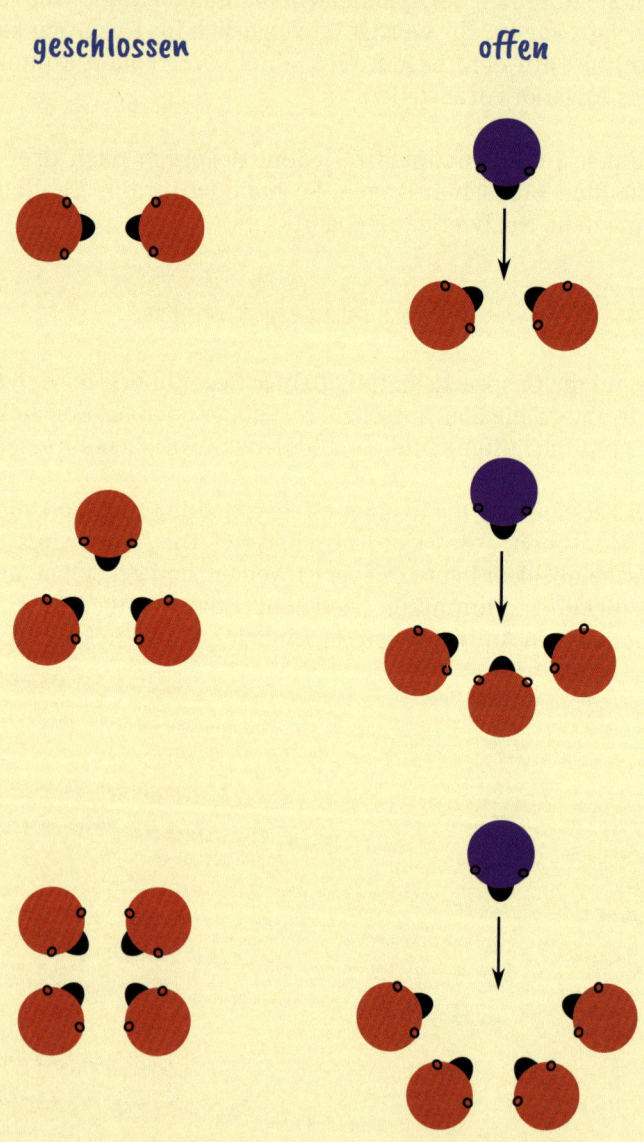

3. Unbekannte Gruppen ansprechen

Bei einer Gruppe fremder Menschen ins Gespräch einzusteigen, ist bei vielen Menschen mit großen Hemmungen besetzt. Die Lösung:

EINFACH machen

Einfach MACHEN

Auf einer Netzwerkveranstaltung ist diese Hemmung nichts weiter, als eine völlig überflüssige, geistige Barriere. Diese Leute sind alle hier, um mit Unbekannten wie Dir zu sprechen. Also geh hin und mach den Mund auf.

Etwa so: Du näherst Dich der Gruppe. Meist erzählt gerade einer und die Anderen hören zu. Komm langsam näher. Gegenseitiges Nicken zeigt eine grundsätzliche Akzeptanz. Die Gesprächshaltung wird häufig geöffnet, damit der Neue sich dazu stellen kann.

Nun solltest Du mit zuhören. Das Gespräch wird im wahrscheinlicheren Falle für Dich nicht unterbrochen. Um Dir einen Anteil am Gespräch zu erkämpfen, kannst Du Zustimmung signalisieren. Dazu dienen Zeichen wie gelegentliches Nicken, ein eingestreutes „Hm, Hm" und ein eingeworfenes „Ja." Bemerkst Du, dass der Erzähler zum Ende kommt, wäre es immer noch zu früh, um mit dem eigenen Pitch loszulegen. Bleib beim Thema. Vielleicht kannst Du selbst etwas dazu beisteuern?

Auf diese Weise wirst Du ganz natürlich zum Teil der Gesprächsgruppe. Was passiert jetzt? Für den weiteren Verlauf gibt es üblicherweise drei Möglichkeiten.

A) Deine Gesprächspartner fragen Dich: „Wer sind Sie? Was machen Sie?" Die Antwort darauf ist Dein Name und Dein Powerpitch. Mehr dazu erfährst Du in Kapitel 11.

B) Du schaffst eine Überleitung: Wirst Du nicht direkt gefragt, kannst Du die Überleitung zu Deinem Pitch selbst schaffen. "Übrigens, ich hab mich noch gar nicht vorgestellt. Ich bin …"

C) Du fragst Deine Gesprächspartner: Eine elegante Art, den eigenen Pitch einzuleiten, ist die Frage nach dem Gegenüber: „Mit wem habe ich denn die Ehre? Was machen Sie denn so beruflich?" Du erfährst, mit wem Du es zu tun hast und kannst Deinen Pitch optimal darauf abstimmen.

4. Suche Kontakt mit möglichst vielen Menschen

Sieh zu, dass Du mit möglichst vielen Menschen unaufdringlich Kontakt hast. Das ergibt sich schon durch die Sitzposition. Regel Eins: Setz Dich in die Mitte, nur Mäuse sitzen gern am Rand. Regel 2: Setz Dich neben Fremde. Nur Pinguine sitzen neben ihren Freunden. Allein durch die Sitzordnung am Tisch hast Du links und rechts schon zwei natürliche Begegnungen. Wenn der Tisch nicht zu breit ist, suchst Du außerdem das Gespräch mit den gegenüber Sitzenden.

> Im Markkleeberger Hof war ab 7:00 Uhr BNI, direkt danach ein Treffen des BVMW. ich gehe also gegen 8:45 vom kleineren in den größeren Saal. Und wer kommt zu mir rüber? André vom BNI-Frühstück. Ich schau ihn an und frage: "Was soll das werden, wenn es fertig ist?" „Na, ich setz mich neben dich." Ich fauche ihn an: „Ich zähl bis Eins, dann sitzt Du woanders! Du raubst mir 50 Prozent der Chancen, neben einem neuen Kontakt zu sitzen. Wir sehen uns jede Woche!" Zugegeben, das war etwas grob. Aber er hat es mir nicht übel genommen und es hat funktioniert. Vielleicht achtet auch Andre seitdem darauf, sich wenn möglich immer neben neue Gesichter zu setzen und damit seine eigenen Chancen zu vergrößern.

5. Effizienz und Timing

Vergiss nie Deine Ziele für die Veranstaltung, auf der Du Dich gerade befindest! Wenn Du die Morgenroutine von Seite 63 befolgst, hast Du schon nach dem Aufwachen visualisiert, wie Du in neuen Begegnungen wertvolle Partner und Empfehlungen erreichst.

Um ein Netzwerkfrühstück möglichst effizient zu nutzen, ist das Timing entscheidend. Du kannst in 15 Minuten ein interessantes Gespräch führen. Es könnten aber auch drei sein. Mit einer dreifach höheren Chance auf neue Lieblingskunden und fantastische Kooperationspartner.

Mäuse üben gern mit Mäusen. Die Neulinge auf einer Veranstaltung anzusprechen ist besonders einfach und für andere Einsteiger sehr gut zum Üben. Du siehst jemanden verloren in der Landschaft stehen? Dann sprich ihn an:„Schon doof, wenn man hier niemanden kennt, oder?"So ergibt sich schnell ein Gespräch, bei dem Du die Grundlagen üben kannst. Dein Gegenüber wird sich nicht beschweren, falls es Dir noch etwas schwer fällt, schnell und klar auf den Punkt zu kommen. In meinem Seminar „Empfehlungsexplosion" üben wir diese und ähnliche Techniken direkt in der Praxis. Gleichzeitig kannst Du live aus dem Seminar auch schon Deine ersten, handfesten Networking-Erfolge mitnehmen.

Dafür musst Du unbedingt rechtzeitig kommen und bis zum Ende bleiben! Ungünstiges Timing geht so: Ankommen, Platz sichern, vom Buffet Essen holen und kauen. Denn gerade, wenn Du den Mund nicht mehr voll hast, startet die Begrüßung und anschließend meist ein Vortrag. Dabei kannst Du schlecht mit den Umsitzenden reden. Im Anschluss gehen schon die Ersten, die knappe Termine haben.

Gutes Timing geht so: Ich komme früh und entscheide bewusst, neben wem ich sitzen will. Ich stelle meinen vollen Teller an den entsprechenden Platz und esse keinen Bissen. Dass der Salat neben dem belegten Brötchen vor sich hinwelkt, stört mich nicht. Ich rede inzwischen mit meinen Nachbarn. Zum Kauen nehme ich mir Zeit, während der Vortrag läuft.

5. Von Menschentypen und Netzwerktypen

Mit unterschiedlichen Menschentypen habe ich mich schon seit 2012 beschäftigt, als mir das Hörbuch „Knacken Sie den Farbcode" empfohlen wurde. Die Idee, Menschen nach ihrer Personen- und Sachorientierung und Ihrer Dynamik zu unterteilen, ist nicht neu. Schon die alten Griechen sprachen von den vier Temperamenten. Wir werden uns die Menschentypen noch genauer ansehen, wenn wir über die Sympathietechniken sprechen.

Die Menschentypen lassen sich sehr gut in einer 4-Felder-Matrix darstellen. Auf den zwei Achsen lassen sich wichtige Eigenschaften in schwacher bis dominanter Ausprägung abbilden. Im Ergebnis findet sich jeder in mindestens einem Typ wieder. Das ist lustig und lehrreich zugleich.

Nun haben wir hier ein ganz spezielles Ziel: Neue Kontakte. Darum interessiert mich besonders, wie sich unterschiedliche Typen beim Netzwerken verhalten. Aus meinen langjährigen Beobachtungen habe ich dazu ein eigenes, spezialisiertes Modell mit vier Netzwerktypen erstellt.

Vorhang auf für die Netzwerktiere!

Wir befinden uns mitten im Zentrum des Geschehens, beißen ins Käsebrötchen, nehmen einen herzhaften Schluck aus der Kaffeetasse und machen uns an die Netzwerkarbeit. Wie das richtig geht, lernst Du am besten aus all den interessanten Fehlern, die Andere schon gemacht haben.

Es gibt nicht nur eine Art und Weise, wie meine geliebten Mitmenschen und auch ich selbst bei unseren Bemühungen im Netzwerken immer wieder daneben liegen. Es gibt grundsätzlich vier. In meiner Laufbahn habe ich unzählige Gruppen an unterschiedlichen Orten und mit sehr unterschiedlicher Ausrichtung erlebt: Von der Studentenverbindung bis zum BNI, vom internationalen „Millionairs Mind Intensive" Seminar bis zu lokalen Unternehmerstammtischen. Immer wieder begegne ich den gleichen Typen. Wertschätzend wie ich bin, habe ich ihnen Tiernamen gegeben. Du bist ihnen im Laufe der Lektüre immer wieder begegnet. Mindestens drei der vier Fehlertypen kommen mir auch deshalb so vertraut vor, weil ich sie selber in meiner Laufbahn mit Hingabe ausgelebt habe.

Maus, Geier, Pinguin und Chamäleon tummeln sich auf allen Netzwerkveranstaltungen dieser Welt. Sie alle schauen auf zum PiGeiLeon: Die Krone der Schöpfung, die alle Stärken der verschiedenen Ausprägungen in sich vereint. Wenn Du Topp vernetzt gelesen hat, kennst Du sie schon. Jetzt hast Du die Gelegenheit, mehr darüber, wie Du am besten mit diesen spannenden Spezies umgehen solltest, zu erfahren.

Die verschiedenen Netzwerktypen zeigen große Unterschiede in der Art, anwesend zu sein, Kontakt aufzunehmen und Gespräche zu führen. Sie haben verschiedene Ziele und Motivationen, Stärken und Schwächen. Und sie nutzen unterschiedliche Strategien, um Nutzen aus Kontakten zu ziehen. Schauen wir, ob Du Dich in einem von ihnen wiedererkennst! Am Ende dieses Kapitels findest Du verschiedene Praxisübungen, die auf die jeweiligen Netzwerktypen zugeschnitten sind.

Matrix mit den 4 Grundtypen

6. Die Netzwerkmaus: Scheu und unscheinbar

Viele Anfänger starten als Mäuse. Das unscheinbare Nagetier hat große Angst davor, Fehler zu machen. Deshalb tun Mäuse in der Regel so wenig wie möglich. Nicht aufzufallen ist das Hauptziel der Maus.

Eine Maus ist nicht beim Netzwerkfrühstück, weil es ihr einen Heidenspaß macht, sondern weil es notwendig ist. Entweder hat sie jemand geschickt oder mit viel Geschick überredet. Tatsächlich fühlt sich die Maus permanent unangenehm beobachtet und wäre am liebsten wieder in ihrem Büro, in der Werkstatt oder zu Hause an ihrem Schreibtisch, um etwas Sinnvolles zu tun. Sie fürchtet sich schrecklich davor, aufzufallen oder vor aller Ohren das Wort zu ergreifen.

Die Maus kommt meist etwas später, klopft ganz leise und murmelt eine kaum hörbare Entschuldigung. Allerdings macht sie beim Hinsetzen oft vor lauter Anspannung Lärm, was ihr dann wahnsinnig peinlich ist. Erleichtert verlässt sie die Veranstaltung so schnell wie möglich. Meistens ist das der Moment, in dem das Netzwerken richtig losgeht.

Mäuse haben viel zu geben

Die Maus sucht keinen Kontakt, sondern bleibt allein. Sie vermeidet Gespräche wenn sie es kann. Wird die Maus von einem der Anwesenden freundlich ins Gespräch geholt, reagiert sie nur und trägt kaum aktiv zur Unterhaltung bei. Einige Mäuse neigen im Gegenteil dazu, nervös sehr viel zu erzählen. Aber auch dabei gehen sie kaum auf ihren Gesprächspartner ein. Ohne fremde Hilfe hat sie beim Netzwerken absolut keine Chance. Zu ihrem Glück ist Hilfe meist nicht fern.

Wichtig: Die geringe Networking-Kompetenz beim Typ Maus erlaubt in keiner Weise Rückschlüsse auf den Wert des Angebots an sich. Im Gegenteil: Wer in der Darstellung und Präsentation wenig geübt ist, hat sich häufig umso mehr auf die eigentlichen Inhalte konzentriert. Tatsächlich bringen die Mäuse oft Angebote mit, die das Netzwerk enorm bereichern würden. Aber nur, wenn es gelingt, die auch sichtbar und hörbar zu machen.

Tipps für den Umgang mit der Maus: Netzwerkmäuse müssen von Anderen ins Spiel gebracht werden. Es lohnt sich für Einsteiger, nach den einsamen Gestalten Ausschau zu halten und Initiative zu zeigen. So kannst Du schnell Sozialkapital aufbauen und die grundlegenden Techniken üben. Achte aber darauf, langfristig nur einen kleinen Anteil an Mäusen in Deinem Netzwerk zu haben. Denn schließlich willst Du viele Partner, die auch für Dich aktiv werden.

7. Geier wollen nur Dein Bestes

Der Geier weiß im Gegensatz zur Maus ganz genau, was er will: Verkaufen um jeden Preis. Dir und jedem anderen im Raum. Getrieben von dieser Motivation sind Geier alles, nur nicht zurückhaltend. Was der Maus an Geschäftsorientierung und Energie fehlt, bringt der Geier im Übermaß mit. So sehr, dass er regelmäßig weit über das Ziel hinausschießt.

Geier tun gerne etwas, das auf Netzwerkveranstaltungen eigentlich völlig daneben ist: Sie verkaufen in den Raum. Sie sind oft gut trainierte oder von Natur aus talentierte Verkäufer, hochmotiviert und hungrig nach zählbaren Resultaten. Alles in allem ist das erstmal eine anstrengende Spezies. Vor allem, weil sie das Grundprinzip des Netzwerkens oft beharrlich ignorieren: Wir suchen auf einer Netzwerkveranstaltung Kontakte und keine Kunden.

Empfehlungen bekommen Geier selten oder nie. Und wenn, dann nur eine, aber sicher keine zweite. Geier verbrauchen ihre Kontakte und verbrennen Sozialkapital für kleine, schnelle Erfolge. Das hochklassige Empfehlungsgeschäft, das wir als Ziel vor Augen haben, ist für jemanden, der ein reinrassiger Geier bleiben will, praktisch ausgeschlossen.

Praxisübung für die Netzwerkmaus:

Für diese Übung brauchst Du einen fertigen Pitch für die Drei-Schritt-Technik. Am Ende von Kapitel 11 wirst Du diese Grundlagen zur Verfügung haben.

Wähle eine regelmäßig stattfindende Veranstaltung in Deiner Nähe. Besuche diese Veranstaltung im Lauf der nächsten 4 Wochen mindestens drei Mal. Sprich auf jedem Treffen mit mindestens zwei unbekannten Personen.

Gehe konsequent mit Deinem Power-Pitch und Deinem Elevator-Pitch ins Gespräch und bringe das Angebot und den Zielkunden des Anderen in Erfahrung!

Eines wird einem Geier allerdings nie passieren: Dass er das Ziel aus den Augen verliert. Geier bringen eine enorme Motivation und eine klare Geschäftsorientierung mit. Diese Energie kann der ganzen Gruppe nutzen, falls der Geier bereit ist, dazuzulernen und auch die Netzwerkkompetenzen zu erwerben, die er bisher beharrlich ignoriert hat.

Ein gutes Beispiel, dass aus einem Geier ein echter Netzwerker werden kann, bin ich selbst. Alles, was ich oben beschrieben habe, sind meine persönlichen Erfahrungen. Ich hatte darauf schnell keine Lust mehr und vielen anderen Geiern geht es ebenso. Die gute Nachricht: Der Weg zum Erfolg durch nachhaltiges Netzwerken steht jedem offen.

Tipps für den Umgang mit dem Geier: „Lass Dich nicht einwickeln" ist die Regel Nummer Eins. Geier sind sehr gut darin, das Gespräch zu kontrollieren. Wenn Du gar nicht zu Wort kommst, ist das für eine Partnerschaft ein sehr schlechtes Zeichen. Hab den Mut, Dich zurückzuziehen und besonders penetrante Gestalten auch eiskalt stehen zu lassen. Das spart Dir wertvolle Zeit für echtes Netzwerken. Ein Gespräch mit einem Geier ist allerdings auch eine gute Übung, um die gelernten Techniken konsequent und mit klarer Struktur anzuwenden. Wenn Du es schaffst, bei diesem Typ Interesse zu wecken, hast Du den Level des Anfängers hinter Dir.

8. Der Pinguin ist zum Knuddeln

Der Pinguin kuschelt gern. Er gehört auf seiner Netzwerkveranstaltung seit Jahren zum Kreis der üblichen Verdächtigen und fühlt sich hier rundum wohl. Allerdings ist ein Pinguin oft mehr am Buffet interessiert, als an den Chancen, die jedes neue Gesicht Woche für Woche zu bieten hat. Umgeben von Bekannten erzählen sich die Pinguine in festen Grüppchen regelmäßig die gleichen Geschichten.

Dahinter steckt gleichermaßen eine ausgeprägte Gemütlichkeit und ein tiefsitzendes Misstrauen gegenüber Veränderung. So geht der

Praxisübung für den Geier:

Netzwerkveranstaltungen sind der natürliche Lebensraum des Geiers. Power Pitch und Elevator Pitch wie in Kapitel 11 beschrieben sollten Dir als geübtem Verkäufer leicht fallen.

Die Übung besteht darin, in den nächsten vier Wochen jeweils das Gespräch mit zwei bis drei neuen Gesichtern zu suchen.

Erster Schritt: Überprüfe, ob Dein Pitch wirklich darauf ausgerichtet ist, Kontakte zu knüpfen. Du verkaufst kein Produkt, sondern Du suchst nach Partnern!

Die Herausforderung: Beschränke Dich auf Deinen Pitch. Gehe nicht ins Verkaufsgespräch, sondern konzentriere Dich aufs Zuhören. Zeig Aufmerksamkeit und bring in Erfahrung, was Dein Gesprächspartner zu geben hat!

Pinguin selten auf Neue zu und übersieht die grauen Mäuse im Raum. Schutz vor den Geiern sucht der Pinguin in der Gruppe. Man findet ihn fast nie allein.

Ausgeprägte Sozialkompetenz trifft im Fall des Pinguins auf Zweifel am eigenen Potential. Nur sehr zögerlich wagt er sich an das harte Geschäft heran. Wenn es darum geht, sich selbst und das eigene Angebot sichtbar zu machen, kommt er schnell an seine Grenzen.

Die Jagdinstinkte wecken

Der Pinguin ist nicht mehr so hungrig, wie die Neueinsteiger. Viele Netzwerker dieses Typs sind etablierte Unternehmer, für die Wachstum nicht mehr die oberste Priorität hat. Der Pinguin ist zufrieden auf seiner Scholle und hat manchmal sogar ein bisschen Angst vor neuen Ufern. Seine Vision für die eigene Zukunft ist blass.

Als vertrauenswürdiger Typ mit hoher Sozialkompetenz verfügen erfahrene Pinguine zwar oft über wertvolle Kontakte. Allerdings legen sie nur geringe Aktivität an den Tag. Und wenn sie doch mal aktiv werden, dann ohne klare Strategie und mit moderaten Ergebnissen.

Aber kein Grund zur Sorge: Wenn der Pinguin sich einmal von seiner Scholle wagt, findet er mit Leichtigkeit zu seiner Beweglichkeit und seinem alten Jagdinstinkt zurück. Dafür braucht es nur die richtige Motivation.

Tipps zum Umgang mit dem Pinguin: Ins Gespräch zu kommen ist nicht schwer. Zum Punkt zu kommen aber schon. Pinguine können sich sehr lange unterhalten, ohne dabei verwertbare Informationen auszutauschen. Hier bist Du gefragt: Achte darauf, Smalltalk auf ein Minimum zu begrenzen, ohne unhöflich zu wirken. Bring das Gespräch immer wieder auf den Kurs, mit dem ihr füreinander Empfehlungen erreichen könnt! Und hab immer im Blick, ob Du die nötigen Informationen erhalten hast und ob sie auch bei Deinem Gegenüber klar angekommen sind. Aktive Empfehlungen sind von Pinguinen selten zu erwarten. Es lohnt sich aber, gute Voraussetzungen für passive Empfehlungen zu schaffen. Mit einer eindeutigen Handlungsaufforderung und einer starken, emotionalen Motivation kannst Du einen Pinguin auch dazu bringen, über seinen Schatten zu springen.

Praxisübung für den Pinguin:

Der Pinguin muss raus aus seiner Komfortzone und seinen Stammplatz verlassen. Nur so kann er wieder Geschmack an neuen Chancen finden.

Grundlage sind wieder der Power Pitch und der Elevator Pitch für die Drei-Schritt-Technik aus Kapitel 11. Such Dir in den nächsten vier Wochen eine Veranstaltung, auf der Du nicht zu Hause bist! Als erfahrener Netzwerker wirst Du dort sicher auch Bekannte treffen. Vermeide lange Gespräche und zieh Dich bewusst zurück!

Geh stattdessen mit mindestens zwei Unbekannten ins Gespräch. Vermeide Small Talk und nutze konsequent nur Power Pitch und Elevator Pitch! Finde heraus, was diese Menschen für Dein Netzwerk zu geben haben!

9. Das Chamäleon spricht viele Sprachen

Beim Chamäleon trifft eine hohe Sozialkompetenz auf ebenso hohe Geschäftsorientierung. Dieser Typ Netzwerker kennt das enorme Potential von Empfehlungen und ist auf den Geschmack gekommen. Chamäleons sind leidenschaftliche Netzwerker. Sie bringen Menschen gern zusammen, gehören häufig zu den bekannten Gesichtern in der Region und sind auch Initiatoren von Netzwerkveranstaltungen. Sie gehören allerdings auch zu dem Typ Mensch, der auf jeder Hochzeit tanzt und bei dem Aufgaben auf halber Strecke liegen bleiben.

Chamäleons sind sehr aktiv, dabei aber auch oberflächlich. Typisch für das Chamäleon ist die Vorstellung, dass jede Begegnung zu einem geschäftlichen Kontakt und jedes Gespräch zu einem Abschluss führen muss. Das Chamäleon hat eine fast zwanghafte Art, immer und überall Chancen zu verwerten. Darum will es für jeden der optimale Partner sein.

Es passt sich an, stellt sich sehr geschickt auf sein Gegenüber ein und spricht immer die Sprache dessen, mit dem es gerade im Kontakt ist. Allerdings verliert das Chamäleon dabei leicht das eigene Profil aus den Augen.

Konzentration bringt das Chamäleon zum Erfolg

Viele Chamäleons sind so auf den Aufbau von Sozialkapital versessen, dass sie unpassende Synergien herstellen. Sie sprechen zwar viele Empfehlungen aus, aber die haben selten einen belastbaren Wert und führen kaum zu Abschlüssen und festen Kundenbeziehungen. Oft erweisen sich Abschlüsse beim genaueren Hinsehen als Gefälligkeitskäufe. Die bauen keine tragfähigen Beziehungen auf und helfen niemandem dauerhaft weiter. Das Chamäleon tut das völlig uneigennützig und aus den edelsten Motiven. Trotzdem funktioniert es nicht.

Praxisübung für das Chamäleon:

Die Übung für das Chamäleon zielt darauf, die geschäftliche Substanz einer möglichen Empfehlung sicher zu bewerten. Dazu musst Du den Zielkunden Deiner Partner kennen.

Wähle drei Partner aus deinem Netzwerk, denen Du gern mehr Empfehlungen aussprechen möchtest. Beschreibe nun für jeden dieser Partner einen Wunschkunden mit mindestens fünf relevanten Eigenschaften. Nutze dazu die Grundlagen aus Kapitel 5.

Wenn Du diesen Partnern das nächste Mal begegnest, dann frage nach, wie genau Du die Bedürfnisse Deines Netzwerkpartners getroffen hast!

Niemand ist immer für alle der optimale Partner. Es liegt in der Natur der Dinge, dass sich manche Menschen in manchen Situationen nichts zu geben haben. Gute Empfehlungen können sich ergeben und wir können sie durch geschicktes Verhalten ermöglichen. Aber sie lassen sich nicht erzwingen. Wenn ein Chamäleon diese eine Lektion noch lernt, steht ihm eine steile und spannende Karriere bevor.

Tipps zum Umgang mit dem Chamäleon: Chamäleons sind sehr effektiv im Aufbau von Beziehungen und Kontakten. Das kannst Du ausnutzen. Allerdings solltest Du jede Empfehlung nach Möglichkeit auf ihre Belastbarkeit prüfen. Mit dem richtigen Training können Chamäleons sehr effektiv sein. Du hilfst einem Chamäleon, Dir gute Empfehlungen zu geben, indem Du immer wieder unmissverständlich und klar zugespitzt Deinen Zielkunden definierst.

10. Auf dem Weg zum PiGeiLeon

Das PiGeiLeon vereint als Krone der Schöpfung die Stärken aller Netzwerktypen. Die Hürden und Hindernisse lässt dieses faszinierende Wesen elegant links liegen.

Es besitzt die hohe Sozialkompetenz und das sympathische Charisma des Pinguins. So baut es mit Leichtigkeit belastbare Beziehungen auf und sammelt im Vorübergehen wertvolles Sozialkapital.

Es verfügt über die Hartnäckigkeit und den Geschäftsinstinkt des Geiers. PiGeiLeons verwerten ihre Chancen optimal und ziehen den Empfehlungsprozess vom ersten Gespräch bis zum Abschluss konsequent durch.

Anpassungsfähig und vielseitig ist es in der Lage, über den eigenen Horizont zu sehen und bewegt sich sicher auf jedem Terrain. Wie das Chamäleon stellt es sich auf den Anderen optimal ein. So baut es vielfältige Kontakte, Geschäftsbeziehungen und Synergien auf.

PiGeiLeons sind wertvolle und gefragte Partner, weil sie nicht nur für sich selbst, sondern auch für ihre Partnern die größten Erfolge möglich machen. Aber mach Dir nichts vor: Sie sind keine Kuscheltiere sondern eindrucksvolle Jäger. Das PiGeiLeon hat einen mächtigen Appetit. Zu einem einzelnen Frühstückstermin macht es leicht mehr Beute in Form von Kontakten und Gesprächsterminen, als so mancher alt eingesessener Pinguin im ganzen Jahr.

Was kann noch besser netzwerken, als ein PiGeiLeon? Ein ganzes Rudel. Deswegen willst Du nicht nur selbst ein PiGeiLeon werden, sondern auch Deine Partner auf den Weg zum High-Performance-Networker mitnehmen. Netzwerken ist ein Teamsport und Training ist der Weg zum Erfolg. Wir arbeiten nie nur an uns selbst, sondern immer mit unseren Partnern. Mit anderen Worten: Hilf den anderen, Dir zu helfen!

In diesem Kapitel hast Du gelernt:

1. Wo treffen sich Netzwerker
2. Selfmade Netzwerkveranstaltung
3. Dabei sein ist nicht alles
4. Ins Gespräch kommen und im Gespräch bleiben
5. Verschiedenes Verhalten für verschiedene Menschentypen
6. Die Netzwerkmaus ist scheu und unscheinbar
7. Geier wollen nur Dein Bestes
8. Der Pinguin ist zum Knuddeln
9. Das Chamäleon spricht viele Sprachen
10. Auf dem Weg zum PiGeiLeon

Zum PiGeiLeon zu werden ist das Ziel jedes Netzwerkers. Zum Glück sind diese spannenden Wesen von Natur aus gesellig und mögen neue Artgenossen. Sie lernen auch gern voneinander und teilen ihr Wissen aus guten Gründen gerne mit jedem, der danach sucht. Die Königsklasse im Empfehlungsgeschäft ist kein Hexenwerk. Ein PiGeiLeon steckt in jedem von uns. Wenn Du bis hierhin gelesen hast, bist Du bist schon auf dem Weg.

Im nächsten Kapitel sehen wir uns genauer an, wie Du im Kontakt mit neuen und alten Partnern Sympathie, Vertrauen und Motivation gezielt stärken kannst.

kapitel 9

BEZIEHUNGS AUFBAU MIT SYMPATHIETECHNIKEN

AVMZKT

Qualität toppt Quantität. Anders als in meiner Anfangszeit als Netzwerker will ich heute nicht mehr nur viele Kontakte. Vor allem will ich die Besten, die ich kriegen kann. Denn nicht jeder Kontakt im Netzwerk wird auch wirklich warm und sogar produktiv.

Es kann viele Gründe haben, wenn Netzwerker nicht warm miteinander werden. Hier passen zwei vom Menschentyp her einfach nicht zusammen. Dort war der erste Eindruck ungünstig. Du willst hoch motivierte Partner, die sich für Dich nach Kräften ins Zeug legen. Dafür gibt es zahlreiche Techniken, um Sympathie zu wecken, und die lernst Du in diesem Kapitel.

1. Beziehungsaufbau will gelernt sein

Nach der ersten Phase meiner Challenge in Dresden habe ich festgestellt, dass ich auch da immer noch der Versuchung erlegen bin, breit in die Masse zu gehen. Ich konnte bei vielen Personen nicht ankommen, weil ich den Beziehungsaufbau vernachlässigt habe.

Tatsächlich bin ich menschlich in Dresden überhaupt nicht angekommen. Das hatte ich auch nicht vor. Mein Interesse war professionell. Rein auf der Sachebene. Das kann ich und das passt zu mir. Wir sind doch Netzwerker, weil es uns um die Sache geht, oder etwa nicht?

Als Mensch war ich in dieser Stadt zwar ein völlig Fremder, doch ich hatte gehofft, auf eine gewisse Vertrauensbasis durch meine Mitgliedschaft in Unternehmerverbänden bauen zu können. Um dort viele Empfehlungen zu erhalten, braucht es natürlich eine gewisse Grundsympathie und gefestigtes Vertrauen. Aber Empfehlungen geben? Das sollte doch immer möglich sein, dachte ich. Doch ich musste lernen: Nein. Nicht jeder darf einfach so daherkommen und Geschenke verteilen.

Zum Glück neige ich nicht dazu, beleidigt zu sein. Sonst hätte ich vielleicht nur darüber meditiert, warum sich niemand freut, wenn ich mit vollen Händen Empfehlungen verteilen möchte. Mit Einsatz,

Offenheit und Beharrlichkeit habe ich schließlich in Erfahrung gebracht, was man mir zum Vorwurf gemacht hat:

1. Großspuriger Besserwisser

Vorgestellt habe ich mich ungefähr mit folgendem Inhalt: „Hallo hier bin ich. Ich bin der erfolgreichste Netzwerker aus Leipzig. Ich würde gerne alle von Euch kennenlernen, die ein besonderes Angebot haben, und Euch mit hochwertigen Empfehlungen versorgen!"

Das war zwar die reine Wahrheit, aber angekommen ist es völlig anders, als beabsichtigt.

2. Die Visitenkartenbox

Beim Unternehmerfrühstück des BNI ist es üblich, dass eine Kiste mit Visitenkarten von allen Mitgliedern herumgereicht wird, aus der man sich dann die Karten herausnehmen kann. Ich habe die Visitenkartenbox durchgereicht, ohne hineinzusehen.

Aus ökonomischen und ökologischen Gründen lehne ich es ab, Visitenkarten aus Höflichkeit einzustecken. Stattdessen habe ich es mir zur Gewohnheit gemacht, mir direkt die Karten abzuholen, die ich aus guten Gründen haben will. Leider kam das ganz anders an, als gewollt: Was meine Gastgeber gesehen haben, ist einer, der sich nicht die Bohne für ihre Visitenkarten interessiert.

3. Das Smartphone

Ich habe bei den Pitches auf mein Smartphone geschaut. Nun ist es so, dass ich als trainierter Multitasker bei der Pitch-Runde oft meine Kontaktliste nach interessanten Partnern für den letzten Sprecher durchforste. Ich kann den aktuellen Pitch dabei strukturiert nachvollziehen und dem Sprecher, falls er es denn möchte, im Anschluss auflisten, welche Elemente mir für den vollständigen Eindruck fehlen. Aber woher soll die Runde das wissen?

So sind mir als Profi im Eifer des Gefechtes drei Anfängerfehler unterlaufen. Die Lösung ist jedoch so einfach: Ich muss 100% Wertschätzung für mein Gegenüber zeigen.

2. Gefühl mit Methode

Roman und die Empathie... Der Vorteil meiner besonderen Lage ist, dass ich seit jeher ein sehr klares Bewusstsein für ein Thema entwickle, das bei anderen Menschen unbewusst und intuitiv stattfindet. Unbewusst entstehen aber keine Techniken und Strategien.

Schon vor dem Start meiner Laufbahn als Netzwerker habe ich die eigenen Beobachtungen und Erfahrungen genutzt, um mich gezielt weiterzubilden. Ich habe Material gewälzt, Techniken und Strategien erprobt. Dabei habe ich einige Schätze gehoben, die mir im Nachhinein gerade auch bei meiner Zeit in Dresden unschätzbare Dienste geleistet haben. Mit diesen Techniken habe ich es geschafft, aus Kritikern Freunde und hoch motivierte Empfehlungsgeber zu machen. Willst Du das auch?

Takt und Taktik

Ähnlich wie in einer Partnerschaft gestalten wir im geschäftlichen Kontext einen gemeinsamen Raum. Für den tragen wir zusammen die Verantwortung. Es lohnt sich, eine Nase dafür zu entwickeln, was meine Art, meine Persönlichkeit und mein Gesprächsstil mit den Menschen in meiner Nähe macht. Vor allem dann, wenn ich mir wünsche, mit diesem Menschen eine tragfähige, geschäftliche Beziehung aufzubauen.

Dann ist es empfehlenswert, etwas nicht zu sagen, das für jemand anderen eine zu große Herausforderung wäre. Auch, wenn ich das so sehe und für richtig und wichtig halte. Wer mich länger kennt, mag überrascht sein: Auch ich sage tatsächlich nicht immer alles, was mir auf der Zunge liegt.

Allerdings gilt auch das Gegenteil. Ängstliche Zurückhaltung und schüchternes Schweigen macht zwar nicht unsympathisch, aber unsichtbar. Wenn Du Beziehungen aufbauen willst, musst Du Dich sichtbar machen. Dazu gehört es auch, im Gespräch hin und wieder in den Ring zu steigen, Charakter zu zeigen und Farbe zu bekennen.

3. Typisch Mensch: Die 4 tierischen Menschentypen

Menschen sind unterschiedlich. Das fand ich anstrengend, als ich die Bedienungsanleitung noch nicht so gut kannte. Eine erste Begegnung mit einer ordentlichen Theorie von Typen und Charakteren hatte ich mit dem Hörbuch „Knacken Sie den Farbcode". Da waren sie ja: Diese Menschen mit ihren Emotionen, schön strukturiert in vier klaren Farben. Endlich mal Gefühle übersichtlich und sinnvoll geordnet!

Ein paar Jahre später lernte ich das DISG-Modell kennen. Es teilt in die Typen:

Dominant

Initiativ

Stetig

Gewissenhaft

Dabei baut es ähnlich wie der Farbcode auf die Temperamente der griechischen Antike auf. Leider vergibt das DISG-Modell dabei zwar die gleichen Farben, aber in anderer Verteilung als in meinem Hörbuch. 2018 habe ich dann den „Structogram"-Test gemacht, der wieder mit Farben arbeitet. Jetzt gab es allerdings nur drei statt vier.

Wenn mir also nun jemand sagt, dass er ein „roter" Typ ist, könnte das 3 verschiedene Bedeutungen haben. Das ist schon wieder anstrengend und nur begrenzt hilfreich. Auch deswegen mag ich das Modell meines geschätzten Trainerkollegen Tobias Beck am meisten: Er beschreibt die Menschentypen in einprägsamer Tiergestalt als Wal, Hai, Delfin und Eule. Da gibt es keine Verwechslung und ich weiß genau, woran ich bin, wenn mir jemand sagt, auf welchen Typ ich mich bei einem neuen Kontakt einstellen soll.

Als ich zur Challenge nach Dresden kam, um in wenig Zeit viele neue Menschen kennenzulernen, ist mir die Wichtigkeit dieser Persönlichkeitsunterschiede noch einmal neu bewusst geworden. Der eine Gesprächspartner nimmt sich 3 Stunden Zeit und will alles Persönliche über mich wissen. Ein anderer will in 20 Minuten auf den Punkt kommen.

Genauso verhielt es sich regelmäßig beim Telefonieren mit den drei interessantesten Gesprächspartnern, die mir von einem Partner empfohlen wurden (vgl. Seite 178). Die einen möchten ganz sachte abgeholt werden. Sie wollen erst am Telefon meine Lebens- und Wirkungsgeschichte hören, um sich dann auf meiner Homepage noch weiter zu belesen, bevor sie sich auf einen Kaffee mit mir einlassen. Andere gaben mir 30 Sekunden für einen kurzen Elevator Pitch, um zu beschließen, warum ich es wert bin, dass sie mir zwanzig Minuten ihrer wertvollen Zeit widmen.

Ich kann mich auf jeden dieser Gesprächsstile einstellen. Doch vor 2017 kam ich nie auf die Idee, aktiv darauf zu achten, welchen Typ ich eigentlich vor mir habe, um mich von Anfang an bewusst daran zu orientieren und mit meinem Gegenüber in seiner eigenen Sprache zu sprechen.

Ich empfehle Dir unbedingt Tobis genialen Live-Auftritt Die 4 tierischen Menschentypen, den Du bei GedankenTanken auf Youtube im Original ansehen kannst. Ich kann das Thema nicht so herrlich humorvoll rüberbringen wie er selbst und will das gar nicht erst versuchen. Lieber fasse ich es inhaltlich knapp zusammen und ergänze einige persönliche Wahrnehmungen, die mich als Netzwerker besonders interessieren.

Am besten siehst Du das Video an, bevor Du weiterliest. Durch Tobis absolut authentische Art und die humorvollen Überspitzungen wird Dir dieses Modell für immer im Gedächtnis bleiben: Die 4 tierischen Menschentypen findest Du leicht auf Youtube. Schau es JETZT!

Der Wal

Den stetigen Typen des DISG-Modells bringt nichts aus der Ruhe. Er steht Dir nicht nur unbeirrbar, sondern auch immer treu zur Seite. Bescheiden, taktvoll und empathisch ist er auf der Party nie im Mittelpunkt, ist aber der Erste, der Dir beim Umzug hilft. Auch sonst ist dieser Typ durch seine ausgeprägte Sozialkompetenz und Hilfsbereitschaft ein angenehmer Zeitgenosse, solange es nicht darum geht, die Dinge zackig ins Rollen zu bringen.

Der Wal schätzt Selbstlosigkeit. Für den Vertrauensaufbau zu diesem Menschentyp eignen sich alle Argumente, die den Nutzen eines Angebots für Dritte betonen.

Tipps fürs Gespräch

Beim Kennenlernen will der Wal Vertrauen zu Dir aufbauen. Das geht langsam. Er wird Dir viele Frage über Dich als Person stellen. Interessiere Dich ebenfalls für ihn als Privatperson. Nutze dazu die Sympathietechniken aus diesem Kapitel.

Kleine, persönliche Gesten sind dem Wal sehr wichtig. Er freut sich manchmal mehr über ein Dankeschön oder einen Anruf zu seinem Geburtstag, als über einen neuen Kunden, den Du ihm vermittelst.

Empfehlungen wirst Du vom Wal nicht sofort erhalten. Doch dran bleiben lohnt sich sehr. Wenn Du von diesem Typ empfohlen wirst, dann mit hoher Qualität und hoher Abschlusswahrscheinlichkeit.

Wie stark ist dieser Typ bei Dir ausgeprägt?
Dominant, untergeordnet oder kaum vorhanden?

Notiere jetzt drei Personen, bei denen dieser Menschentyp
eindeutig zutrifft!

Wie könntest Du bei der nächsten Begegnung diesen Personen
entsprechend ihrem Menschentyp etwas Gutes tun?

Der Hai

Der Hai ist der geborene Sieger, der Macher, der sich nichts vormachen lässt. Mut, Willenskraft und Durchsetzungsfähigkeit bringt er im Überfluss mit. Kinkerlitzchen wie Empathie, Selbstkritik oder ein allzu empfindliches Gewissen spielen eine eher marginale Rolle. Er liebt klare Ansagen und schnelle Ergebnisse. Vor allem solche, die auf sein Konto einzahlen oder die er in seiner Garage parken kann. Dieser Typ ist nicht immer nett, aber meistens ziemlich erfolgreich. Wende Dich an ihn, wenn Du willst, dass etwas zeitnah und konsequent umgesetzt wird.

Um das Vertrauen eines Hais zu gewinnen, musst Du ihm zeigen, dass Du ihm einen greifbaren Vorteil verschaffen kannst.

Tipps fürs Gespräch

Der Hai gibt Dir nicht viel Zeit. Komm auf den Punkt. Nutze dazu den Elevator Pitch aus Kapitel 11 und insbesondere die Sympathietechniken 5, 7 und 8.

Sieh zu, dass Du spätestens zwei Tage nach dem Kooperationsgespräch mit dem Hai einen potentiellen Kunden für ihn hast. Sonst wird er Dich als Chamäleon abstempeln.

Wenn Du ihn bei dem Gespräch erfolgreich von Deinem Nutzen für ihn überzeugt hast, wird er Dir genauso schnell einen Kontakt zu einem potentiellen Kunden für Dich herstellen. Gibst Du ihm mehr, wird er Dir mehr geben. Gerade weil der Hai so progressiv ist, haben seine Empfehlungen allerdings nicht immer die höchste Qualität.

Bernhard ist Bildhauer. Als solcher will er nicht nur die kleinen Figuren machen, sondern auch ab und zu mal die richtig großen Skulpturen verkaufen. Leider wollte ihm das einfach nicht gelingen. Also hat er sich von mir coachen lassen. Das Ziel dabei: Lernen, ein anderes Kundenklientel anzusprechen.

Es war in der ersten Coaching-Session nach nur neunzig Minuten: Bernhard hatte seinen persönlichen Wow-Effekt. Wer sind denn diese Leute, die sich große Skulpturen kaufen, um sie vor ihrer Villa in den Vorgarten zu stellen?

Nur Hai-Typen kaufen Status-Symbole. Und es gab einen absolut triftigen und einleuchtenden Grund, warum Bernhard bisher keinen Auftrag für eine richtig große Skulptur bekommen hat: Weil ihm gerade der Umgang mit diesem Menschentyp weniger leicht fällt, als mit den meisten anderen.

Da wird es schwierig mit der Kundenansprache. Ein Teil des Coachings bestand also darin, zu analysieren, was Bernhard auch an Haien wertschätzen könnte. Im zweiten Teil ging es darum, seine Sprache zu lernen. Mit diesem Rüstzeug in der Tasche konnte Bernhard seinen Kundenkreis wirkungsvoll erweitern.

Wie stark ist dieser Typ bei Dir ausgeprägt?
Dominant, untergeordnet oder kaum vorhanden?

Notiere jetzt drei Personen, bei denen dieser Menschentyp
  eindeutig zutrifft!

Wie könntest Du bei der nächsten Begegnung diesen Personen
  entsprechend ihrem Menschentyp etwas Gutes tun?

Der Delfin

Initiative, Tatkraft und die Lust auf Spaß und Abenteuer gehen meistens Hand in Hand. Später kommen, früher gehen und dann erst mal eine Party schmeißen: Das passt zu ihm. Aber auch die energische Motivation und der unbeirrbare Optimismus, die nötig sind, um kühne Projekte zu starten. Aber Vorsicht: Wenn es darum geht, das Projekt in geduldiger Kleinarbeit durch zähe Phasen zu bringen, ist dieser Typ wahrscheinlich schon wieder auf der nächsten Party.

Der Delfin schätzt gute Gesellschaft. Für den Vertrauensaufbau bieten sich positive Erlebnisse an, die Ihr miteinander teilt.

Tipps fürs Gespräch

Der Geschäftsfreund wird schnell zum privaten Freund. Mit Delfinen willst Du nicht nur am Konferenztisch beim Kaffee sitzen, sondern auch im Garten beim Grillen und zum Abendbier. Der Delfin braucht diesen Rahmen, um sich für das Geschäftliche zu öffnen.

Die gute Nachricht: Der Delfin ist einfach gestrickt. Gib ihm Möglichkeiten Spaß zu haben und er wird das positiv mit Dir verbinden. Sein Beziehungskonto füllst Du weniger mit Geld, Familie oder Gesundheit, als mit Party, Reisen, leckerem Essen und ebenso guten Getränken.

Die andere Nachricht ist, dass Delfine gerne mit Pinguinen schwimmen. Von selbst werden sie nur selten über ihr Geschäft sprechen. Du wirst sie immer und immer wieder daran erinnern müssen, dass Spaß zwar echt nett ist, Ihr nebenbei aber auch noch Geschäfte machen wollt. Denn während der Delfin schon wieder auf der nächsten Party ist, vergisst er schnell, dort auch nach Empfehlungen für Dich zu suchen. Bilde ihn dazu mit den Empfehlungstechniken aus Kapitel 4 aus. Du wirst auch schlechte Empfehlungen bekommen. Lobe Deinen Delfin trotzdem und hilf ihm, für Dich ein besserer Netzwerker zu werden!

Wie stark ist dieser Typ bei Dir ausgeprägt?
Dominant, untergeordnet oder kaum vorhanden?

Notiere jetzt drei Personen, bei denen dieser Menschentyp
   eindeutig zutrifft!

Wie könntest Du bei der nächsten Begegnung diesen Personen
   entsprechend ihrem Menschentyp etwas Gutes tun?

Die Eule

Der vierte Typ bekommt im DISG-Modell Gewissenhaftigkeit als zentrale Eigenschaft. Ordnung, Fakten und Fachkenntnis sind Dinge, die ihn begeistern. Auftritte vor Publikum und offene Konflikte meidet er wie eine ansteckende Krankheit. Wenn die Entscheidungen getroffen sind und es darum geht, sie präzise und systematisch umzusetzen, dann ist dieser Typ genau der Richtige. Dafür bleibt er gern auch noch ein paar Stunden länger im Büro. Hauptsache, die Anderen lassen ihn dabei in Ruhe. Auf Netzwerkveranstaltungen geht der Typ Eule pflichtbewusst, aber sicher nicht gern. Er fühlt sich dort nicht wohl, weiß aber genau, dass er dort Präsenz zeigen muss, um gute Geschäfte zu machen.

Das Vertrauen einer Eule zu gewinnen braucht zwei Zutaten: Zeit und sachliche Argumente. Eine Eule überzeugst Du durch Fakten. Wenn Du Wert auf eine gute Beziehung legst, solltest Du diesen Typ bei der Auswertung Deiner Argumente auf keinen Fall hetzen.

Tipps fürs Gespräch

Der Typ Eule kann ein anstrengender Gesprächspartner sein, wenn Du seinen Stil nicht gewohnt bist. Er interessiert sich weniger für Dich als Menschen, sondern will alles über Dein Produkt und Deine Dienstleistung wissen. Vertrauen hat Priorität, denn die Eule hat ohnehin schon wenige Kontakte und will diese nicht durch eine Empfehlung an einen minderwertigen Dienstleister riskieren.

Zuviel Kontakt zu Menschen ist ein Graus für einen Menschen vom Typ Eule. Lass ihm Raum für sich. Er fühlt sich jedoch geschätzt, wenn Du ihn um einen fachlichen Rat fragst und er sich mit seinem in der Regel beachtlichen Wissen profilieren kann.

Ähnlich wie beim Wal wirst Du von der Eule wenige Empfehlungen erhalten, doch dafür sehr gute. Du hilfst diesem Typ, das nötige Vertrauen aufzubauen, wenn Du positive Referenzgeschichten von Deinen glücklichen Kunden erzählst. Mehr dazu im Kapitel 12 „Storytelling"

Wie stark ist dieser Typ bei Dir ausgeprägt?
Dominant, untergeordnet oder kaum vorhanden?

Notiere jetzt drei Personen, bei denen dieser Menschentyp
eindeutig zutrifft!

Wie könntest Du bei der nächsten Begegnung diesen Personen
entsprechend ihrem Menschentyp etwas Gutes tun?

Die Kenntnis im Umgang mit den verschiedenen Menschentypen ist für unsere Ziele im Networking wichtig. Denn nur wenn Du die Sprache Deines Gegenübers sprichst, kannst Du ihn dort abholen, wo er gerade steht. Sonst sprichst Du an ihm vorbei und machst Dich im schlimmsten Fall sogar unbeliebt. Denk zurück an Kapitel 4: Der Empfehlungsgeber muss dem Empfehlungsnehmer unbedingt mitteilen, auf welchen Menschentyp er sich im folgenden Kundengespräch einstellen muss.

Übrigens: Möchtest Du überprüfen, wie gut es Dir gelungen ist, Deinen eigenen Typ einzuschätzen? Ich habe mit Tobias Beck abgesprochen, dass er Dir seinen Persönlichkeitstest als kostenloses Geschenk anbietet. Geh dazu auf: www.tobias-beck.com/test

4. Aufmerksamkeit ist ein mächtiges Werkzeug

Wir wissen jetzt, wie wichtig es ist, auch in geschäftlichen Beziehungen sympathisch aufzutreten. Du hast einiges gelernt, was Du mir besser nicht nachmachen solltest. Jetzt sehen wir uns konkret an, mit welchen Techniken Du gezielt Einfluss darauf nehmen kannst, wie Deine Gesprächspartner Dich wahrnehmen. Die meisten Techniken haben eine gemeinsame Grundlage: Aufmerksamkeit.

Die warme Begrüßung

Bemühe Dich um eine überschwänglich freundliche Begrüßung. In der Kürze liegt nicht immer die Würze. Gerade bei der Begrüßung wird Knappheit schnell als geringes Interesse wahrgenommen. Auch für Partner, mit denen Du einen festen Kontakt hast, fühlt sich das saloppe „Hallo" auf unbewusster Ebene nach Gleichgültigkeit an.

Wende Dich zu und such den Augenkontakt, äußere Wertschätzung, stelle Rückfragen! Wenn Du Deine ganze Aufmerksamkeit nur für den Moment der Begrüßung auf den Menschen richtest, hinterlässt das Spuren. Mein Paradebeispiel ist mein Freund Dirk (Topp vernetzt,

Eine Grundregel für jede Begegnung lautet: Ehrliche Menschen sind immer sympathisch. Ehrlichkeit, Aufmerksamkeit und Respekt machen jedes Netzwerk zu einem angenehmen Ort. Wer Sympathietechniken als Mittel zum Zweck einsetzt und dabei nicht aufrichtig ist, erlebt nach dem schnellen Erfolg einen umso schnelleren Absturz. Erst recht in einem Netzwerk, in dem jeder mit jedem in Verbindung steht.

Andersherum kann Ehrlichkeit einen groben Fauxpas aufwiegen. Cindy aus Dresden hat mir einmal gesagt: „Du lässt jedes Mal deutlich sehen, wenn Du jemanden für doof hältst! Du verdrehst dann immer so die Augen nach oben." Was sollte ich darauf antworten? Ich bin kurz in mich gegangen und habe festgestellt: Cindy hat Recht. Das habe ich ihr gesagt. Seitdem können wir uns gut leiden.

Seite 112). Er schafft es bereits bei der Begrüßung, Menschen komplett für sich einzunehmen, und hat auf diese Art schon meinen kompletten Freundeskreis bezaubert.

Aufrichtiges Interesse

Hinter dieser Sympathietechnik steht eine Überzeugung: Kein Mensch ist uninteressant. Ich kann von jedem mindestens eine Sache lernen. Es gibt zwei Techniken, die dir dabei helfen. Du kannst Fragen stellen und Du kannst zuhören, was der Andere darauf antwortet.

Klingt einfach, ist es aber nicht. Vor allem in einer Situation, in der Du dringend Deinen eigenen Pitch anbringen willst. Und jede Minute kann der Nächste um die Ecke kommen, den Du unbedingt kennenlernen musst.

Wenn ich nicht bewusst darauf achte, kann ich sehr hart in meinem Urteil sein. Das liegt auch daran, dass ich mich sehr intensiv mit meinen Schwächen befassen und mich bewusst entscheiden musste, in welche Richtung ich mich entwickeln will. Irgendwann führte das zu der Haltung: „Ich bin zwar nicht perfekt, aber ... eigentlich doch." Mir wurde häufig Arroganz unterstellt und ich konnte nur ehrlich zustimmen.

Daran musste ich arbeiten. Inzwischen passiert es mir nur noch selten, dass ich einen Menschen, der mich nicht in den ersten Minuten fasziniert, in die Kategorie „Sonstiges" ablege. In jeder Begegnung finde ich heute etwas, von dem der andere viel mehr hat als ich.

Interesse ist eine Entscheidung, die Du treffen kannst oder nicht. Wenn Du es tust, wird Dein Gegenüber es Dir danken und Dich vielleicht mit Inhalten, Gedanken und Verbindungen belohnen, die Du nie erwartet hättest.

Verwende Namen, Produkt- und Firmennamen

Hand aufs Herz: Wenn Du ein altes Klassenfoto siehst, wen suchst Du zuerst? Der wichtigste Mensch in Deinem Leben bist Du. Nur bei Eltern und ihren Kindern kommt dieser Grundsatz ein bisschen ins Wanken. Ansonsten gilt: Der wichtigste Mensch in Deinem Leben bist definitiv Du selbst – und genau so sieht das jeder andere auch.

Darum passiert auf emotionaler Ebene viel, wenn Dich jemand bewusst beim Namen nennt. Es zeigt Aufmerksamkeit und bewusstes Interesse. Zusätzlich helfen Firmenname und Produktname, sich im Gespräch auf das Wesentliche zu konzentrieren.

Wenn Du den Namen Deines Gesprächspartners und seines Unternehmens verwendest, fokussierst Du die Aufmerksamkeit und erzeugst einen Gesprächsraum, in dem der Andere im Mittelpunkt steht.

Die Namen der Person, der Firma und des Produkts machen Botschaften konkret, malen griffige Bilder und haben mehr Kraft, als Pronomen oder Umschreibungen. Namen zu nennen ist auf neurolinguistischer Ebene sehr wirksam. Sie lassen bei Deinem Gegenüber die Synapsen klingeln und vertiefen das Erlebnis im Gespräch.

Das ist nett:„Hallo. Schön, dass wir uns hier treffen. Ich möchte heute gern mit Ihnen überprüfen, wie wir Ihre Firma noch erfolgreicher machen können."

Das ist richtig gut:„Hallo Herr Müller. Schön, dass wir uns hier treffen. Ich bin heute hergekommen, um mit Ihnen zu analysieren, wie wir die Verpackungsmittel Müller und Söhne GmbH noch erfolgreicher machen können."

Smarte Beziehungspflege

Kontakte mit System

Wenn es darum geht, Networking und die professionelle Beziehungspflege ideal zu strukturieren und durchzuführen, braucht es ein gutes System wie das aus diesem Buch. Allerdings sind irgendwann die kognitiven Grenzen des Menschen erreicht – insbesondere, wenn die Pflege der Beziehungen neben dem alltäglichen Job passieren muss.

> Wann hatte ich das letzte Mal Kontakt mit A?
>
> Für welchen Fußballverein brennt B nochmal?
>
> Wie hießen noch die beiden Kinder von C?

Das sind alles Fragen, die sich viele in dieser oder ähnlicher Form immer wieder stellen. Häufig ist man darauf angewiesen, Notizen zu haben oder die Antworten zeitaufwendig zu recherchieren.

Roman hat in seinem letzten Buch „Topp vernetzt" den Contact-Master als Softwaretool für Networking empfohlen, der leider durch äußere, nicht beeinflussbare Gründe nicht weiterentwickelt werden konnte.

Gleichzeitig entstand aber beim deutschen Startup tamanguu ein ähnliches Tool, das die Beziehungspflege ziel- und personenfokussiert begleitet:

tamanguu.contacts hilft Dir, Deinen Geschäftserfolg durch intelligente Beziehungspflege nachhaltig zu steigern.

Die tamanguu Anwendung geht aber noch einen Schritt weiter. Das Networking Mindset und die best practices zur geschäftlichen Beziehungspflege spiegeln sich in smarten Handlungsempfehlungen wider, die den Netzwerker tagtäglich begleiten und unterstützen. Man hat schließlich nicht immer Zeit und den Kopf frei, das eigene Netzwerk im Blick zu behalten und konsistent zu pflegen.

Über die Handlungsempfehlungen werden beispielsweise wichtige, teils persönliche Fragen des Networkings und der Beziehungspflege adressiert:

Bei welchem wichtigen Kontakt sollte ich mich heute melden?

Welche Informationen brauche ich für die Vorbereitung meines Treffens mit A?

Der Hamburger SV hat seinen Trainer entlassen. Dein Kontakt B ist ein Fan des Vereins. Ist das ein Anlass, mit B wieder in Kontakt zu treten?

tamanguu.contacts ist somit ein Guide und Informationsdienst für zielgerichtete Interaktionen zum Aufwerten geschäftlicher Beziehungen. Die Beziehungen im eigenen Netzwerk werden so nicht nur quantitativ konsistent, sondern auch qualitativ mit wertigen Interaktionen aufgebaut und gepflegt.

Der frühere US Präsident John F. Kennedy hatte bei Veranstaltungen immer einen sogenannten „Shadower" dabei. Dieser erzählte Kennedy immer relevante

Informationen über den nächsten Gesprächspartner, um gut vorbereitet in ein persönliches Gespräch zu gehen. Intelligent, wertschätzend, Sympathien aufbauend. tamanguu.contacts ist die moderne, digitale Form eines Shadowers.

Mach Deine Kontakte nicht nur zu Kunden und Geschäftspartnern, sondern zu Fans mit einer engen, persönlichen Beziehung, die Dein Produkt und Deine Dienstleistung lieben und weiterempfehlen!

www.tamanguu.com

Merke Dir Details und sprich sie an

Wie war es denn am Wochenende in der Semperoper? Wie war das Wetter bei Rock am Ring? Mit solchen Fragen hast Du bei Deinem Gesprächspartner sofort einen Stein im Brett. Ich hab vor einigen Tagen einem Kontakt zum ersten Hochzeitstag gratuliert. Er war sichtlich erfreut über den Glückwunsch und daraus hat sich gleich ein spannendes Gespräch mit guter Grundstimmung entwickelt. Ich gebe zu: Facebook hat mich daran erinnert, dass ich ein Jahr zuvor Gast auf seiner Hochzeit war.

Anderes Beispiel: Ein Freund erzählt mir groß und breit, dass er am Freitag wieder in sein Traumhäuschen in der Toskana fährt. Einen Monat später treffen wir uns wieder. Alles ist business as usual und ich frage mit keiner Silbe, wie es ihm gefallen hat. Natürlich irritiert das den armen Kerl. Schließlich brennt er doch darauf, zu erzählen, wie herrlich das Essen war und wie liebevoll das Willkommen der Nachbarn.

Ich tue ihm den Gefallen, er schwelgt in Urlaubserinnerungen und wir fühlen uns beide wohl. Auf die großen und kleinen Freuden im Leben Deiner Partner zu achten, ist ein schöner Weg, hin und wieder mit kleinen Beträgen das Beziehungskonto zu füllen.

Sprecht über das Lieblingsthema

Diese Technik ähnelt der vorhergehenden, schöpft aber aus einer besonderen Quelle. Jeder von uns hat ein oder zwei Themen, über die wir endlos reden können. Diese Themen sind in der Regel privat. Wenn Du sie kennst, hast Du ein wirksames Mittel zur Verfügung, um Partnern Wertschätzung und Aufmerksamkeit zu zeigen.

Mit offenen Fragen und gut platzierten Lücken lädst Du den Gesprächspartner ein, seine eigenen Themen zu platzieren. Sobald das passiert ist, lass Deinen Gesprächspartner nach Herzenslust darüber reden.

Sobald ein Kontakt nicht mehr ganz kalt ist, fällt es gar nicht schwer, diese Themen in Erfahrung zu bringen. Sie tauchen von ganz allein immer wieder auf. Ist auf einmal Leidenschaft sichtbar? Werden die Augen Deines Gesprächspartners groß und leuchten? Fällt es ihm plötzlich schwer, zuzuhören, weil es aus ihm heraussprudelt? Dann hast Du den richtigen Nerv getroffen. Du musst diese Momente nur registrieren und sie Dir für die nächste Begegnung merken.

Frag daher, wann immer es sich anbietet, nicht nur „Wie geht es dir?". Steig stattdessen mit dem Lieblingsthema Deines Gegenübers ein. Es macht gar nichts, wenn dieses Thema relativ weit vom geschäftlichen Anlass eures Treffens entfernt ist. Der Pinguin im PiGeiLeon darf sich gern ein bisschen austoben.

Es geht um Beziehungsaufbau: Der steht immer im Zentrum des Geschehens. Du erfährst auf diese Weise leicht von wertvollen Möglichkeiten außerhalb des Kerngeschäfts und im privaten Bereich, wie Du Deinem Netzwerkpartner helfen kannst. Aufmerksamkeit zu zeigen ist ein hervorragendes Mittel, um auch Aufmerksamkeit für Deine eigenen Anliegen zu erzeugen und bei Deinen Partnern die Motivation als Empfehlungsgeber zu steigern.

5. Geld, Gesundheit und Familie

Hier schließen wir wieder nahtlos an die vorhergehende Technik an. Du wünschst Dir, dass andere Dich aktiv unterstützen? Dann ist für Dich jede Möglichkeit wertvoll, wie Du jemand anderem helfen kannst. Die wirksamsten Bereiche, um mit einem Mal größere Summen auf das Beziehungskonto einzuzahlen, sind Geld, Gesundheit und die Familie.

Einfach und unmissverständlich: Bring Deinen Kontakten Kunden mit und sie werden Dich schnell ins Herz schließen. Nun wissen wir, dass das nicht immer ganz so einfach ist, wie wir es gerne hätten. Aber es gibt andere Möglichkeiten, für jemanden aus Deinem Netzwerk etwas Wertvolles zu tun.

Ich erinnere mich an eine Engagement-Runde im BNI. Das Töchterchen einer Teilnehmerin hatte Probleme im Mathe-Grundkurs. Der Rechtsanwalt aus der Runde kannte einen sympathischen Studenten, der ein kleines Zubrot gebrauchen konnte und hat Mamas Tochter hochwertige Nachhilfe vermittelt. Sie hat ihre Matheprüfung geschafft, das Beziehungskonto war gefüllt und viele Leute waren glücklich.

Noch ein privates Beispiel von mir selbst: Ich plage mich immer mal wieder mit Rückenschmerzen, Müdigkeit und Antriebslosigkeit. Gute Kontakte helfen auch hier weiter. Vor einiger Zeit bekam ich eine Empfehlung für einen seltsamen Algencocktail. Jetzt brauche ich weniger Schlaf als je zuvor und bin dabei herrlich ausgeruht. Die Algen konnte ich auch schon mehrfach weiterempfehlen.

6. Zeig den Kundennutzen und lass den Produktnutzen beiseite

Wenn Du jemandem etwas Gutes tun willst, kannst Du das unterschiedlich kommunizieren. Mein Lieblingsbeispiel dafür ist die LED-Röhre. Heute kann ich darüber lachen, doch 2013 als Netzwerkanfänger habe ich in etwa so geklungen: „Ich hab hier eine LED-Röhre, die gibt es in 24 und 30 Watt mit 3000, 4000 und 4500 Kelvin. Die passt in jede handelsübliche T9-Fassung. Wie viele wollt ihr haben?" Das wäre der Produktnutzen.

Oder so: "Ich habe hier eine LED-Röhre, die spart 70 Prozent Deiner Energiekosten für die Beleuchtung. Du kriegst die in allen Farben. Im Vergleich zu Deinen alten Leuchten sparst Du 1 Cent pro Stunde, das sind 500 Euro über die ganze Lebensdauer." Bäm – verkauft. Das war der Kundennutzen.

Gib Deinem Kunden nicht die Gleichung, sondern die Lösung! Niemand interessiert sich für den Produktnutzen. Erzähl nicht, was es ist und was es kann. Kommuniziere den Kundennutzen und sag, was der Andere davon hat. So erkennt Dein Gegenüber, dass Du ihm gerade ein Geschenk machst. Nutze eine Fragekette, um den Kundennutzen Deines Angebots herauszufiltern. Sage Deinem Übungspartner, was Du ihm anbietest. Dieser antwortet mit: „Was bringt das? Was hab ich davon? Welche Folgen hat das für mich?" Das darfst Du auf die Spitze treiben und mit Deinen Gesprächspartnern über die letzten Antworten aus der Kette reden.

Keine falsche Bescheidenheit! Mach Deinem Gegenüber ein Angebot, das er nicht ablehnen will! Ich kauf keine LED-Röhre, weil sie 24 Watt verbraucht. Das ist nur die Gleichung. Ich kaufe sie, weil sie Geld spart, mit dem ich mir ein schöneres Leben machen kann. Das ist die Lösung. Was tut Dein Produkt für Deine Kunden? Mach das sichtbar und Dein Gesprächspartner wird Dir dafür dankbar sein.

7. Den anderen erleichtern, statt Dich zu beschweren

Wir kennen es alle: Menschen sind im Gespräch, ein Wort führt zum anderen und irgendwann klagen sich alle gegenseitig ihr Leid. Das Brot ist zu teuer, die Kinder zu frech, der Fußballverein steigt ab und die Bahn war auch wieder fünf Minuten zu spät. Jeder nickt mitfühlend und alle sind einer Meinung. Seltsamerweise ist die Stimmung aber trotzdem im Keller. Lasst uns keine Trauerklöße sein! Lieber der frische Wind und der Silberstreif am Horizont, der immer eine Sache findet, über die wir uns gemeinsam freuen können.

Und am allerwichtigsten: Egal, wie es uns gerade geht, unsere Gesprächspartner haben mit Deinen Sorgen nichts zu tun. Der traurige Theodor erzählt seiner Mama, seinem Therapeuten und seiner Katze unaufhörlich davon, wie schlimm die Welt ist. Aber er tankt sich voll mit guter Laune, wenn er ins Gespräch mit seinen Netzwerkpartnern geht. Dafür hat er eine Reihe Standards, auf die er dann zurückgreifen kann, wenn das Leben sich gerade nach Regenwetter anfühlt:

Eigene Erfolgsgeschichten und Referenzen

Lösungen für aktuelle Herausforderungen

gute, geschäftliche Entwicklungen bei Partnern und Bekannten

schöne Vorkommnisse im persönlichen Leben

kleine Highlights und Lichtblicke in den vergangenen Tagen

Nutze auch die Morgenroutine! Du kannst direkt 10 Punkte aufzählen, für die Du jetzt in diesem Moment dankbar bist. Danach ist es nahezu unmöglich immernoch schlechte Laune zu haben. Eine tolle Inspiration für positive Gesprächsthemen ist Deine persönliche Dankescollage.

Noch so ein Thema, an dem ich selbst hart arbeiten darf. Ich sehe Fehler und weiß oft, wie es besser geht. Darum bin ich Coach. Ich sitze bei meinen Lieblings-Speakern und Trainern, die mich begeistern und inspirieren und ich schreibe ihre Fehler mit. Ich bin ja auch selbst für Kritik super dankbar! Eine meiner Grundüberzeugungen heißt bis heute: „Ein dummer Mensch ärgert sich über Kritik; ein kluger wird Dir dafür danken". Doch große Überraschung...

Verbesserungsvorschläge kommen nicht immer sympathisch rüber. Manch einem kommen fast die Tränen, wenn ich ihm nach seinem Pitch die Liste mit meinen gut gemeinten Verbesserungsvorschlägen vorlege. Furchtbar! Mäuse! Pinguine! Gemütliche Wohlfühltypen! Ich will doch nur helfen!

Ohne Erlaubnis sind Vorschläge auch nur Schläge. Mittlerweile habe ich gelernt, zu fragen, ob jemand hören will, was mir aufgefallen ist. Und wenn dieser Mensch es nicht hören will, behalte ich meine Weisheiten respektvoll für mich.

8. Schenke Bestätigung mit dem Zauberspiegel

Eine machtvolle Technik, um Sympathie zu erzeugen, lässt sich in einem Satz zusammenfassen: Sieh den Anderen so, wie er sein möchte. Jeder von uns hat eine bestimmte Vorstellung, welcher Mensch er sein möchte. Meist wissen wir auch mehr oder weniger, wie weit wir von diesem Idealbild noch entfernt sind.

Aber nur, weil wir ahnen, dass wir noch nicht am Ziel unserer Persönlichkeitsentwicklung angelangt sind, muss es noch lange keinen Spaß machen, das immer wieder groß und breit erklärt zu bekommen. Im Gegenteil: Es demotiviert und dämpft die Energie, die uns eigentlich antreibt.

Die Leidenschaft und das Potential in unseren Partnern wollen wir nicht dämpfen, sondern pushen und fördern wo es geht. Behandle Dein Gegenüber so, als wäre er schon am Ziel! Das motiviert und schafft eine großartige Energie, die ihr Euch beide zu Nutze machen könnt. Wenn Du das überzeugt und ehrlich tun kannst, macht Dich das zu einem begehrten Gesprächspartner.

Bestätigung für Andere wirkt oft wie eine selbsterfüllende Prophezeiung. Im Mai 2015 war ich als Gastdozent zum Thema Networking an einer Universität eingeladen. Im Rahmen meines Vortrages offerierte ich die Möglichkeit, in den nächsten Wochen 3 Studenten mit zu meinen Netzwerkveranstaltungen zu nehmen, damit sie sich ein eigenes Bild machen können.

Edwin war der Erste, der zugesagt hat. Sowohl beim BNI als auch beim BVMW hat er sich wohl gefühlt und festgestellt, dass Netzwerken genau sein Ding ist. Trotz unserer reichlich 15 Jahre Altersunterschied sind wir mit der Zeit Freunde geworden und ich habe ihn als Mentor begleitet. Dabei habe ich in ihm nie einen kleinen, naiven Studenten gesehen, sondern immer den angehenden, erfolgreichen Unternehmer, der viel mehr richtig macht, als ich in seinem Alter. Ich habe ihn als denjenigen gesehen, der er sein wollte und ihn genau in diese Richtung gefördert.

Mittlerweile ist Edwin in meine Fußstapfen getreten und hat gewissermaßen den Platz eingenommen, den ich mit meinem Umzug nach Dresden hinterlassen habe. Er hat sich in den letzten Jahren ein großes Netzwerk in Leipzig aufgebaut und ist dort beliebt und anerkannt. Ich bin stolz auf seine Entwicklung und wenn er eines Tages ein besserer und bekannterer Netzwerktrainer ist als ich selbst, dann werde ich noch stolzer auf ihn sein.

Warum sollte ich ihn als Konkurrenten sehen oder sogar kleinreden? Im Gegenteil: Er soll die Nummer Eins der Branche werden und das Bundesverdienstkreuz erhalten! Ich werde der Erste sein, der ihm gratuliert, werde unter ihm auf der Bühne stehen und sagen: Schaut mal, was der kann. Ich war mal sein Mentor. Das ist die Einstellung eines PiGeiLeons. Wer von Euch will das auch?

Bei Facebook oder Google kannst Du Partner mit 5 Sternen bewerten. Das entspricht einer schriftlichen Referenz.

Tu das JETZT für fünf Partner, denen Du gern etwas Gutes tun möchtest!

9. Gestalte Deine Ideen anschaulich und lebendig

Niemand mag Langweiler. Das klingt ein bisschen gemein. Aber es ist schwer, Sympathie zu entwickeln, während man sich das Gähnen verkneifen muss. Das hat nichts mit dem Wert eines Themas zu tun. Aber viel mit seiner Präsentation.

Übe Dich im Storytelling. Benutze griffige Bilder und ziehe Deinen Zuhörer mit einfachen, wirksamen Plots und spürbaren Emotionen in Deine Welt hinein. Nicht jeder ist ein geborener Erzähler. Aber jeder Unternehmer hat eine Mission und eine Vision, die eine Quelle für echte Leidenschaft ist. Dort kommt der Rohstoff her, mit dem wir Andere inspirieren, faszinieren und ein unwiderstehliches Charisma entwickeln.

Der Rest ist einfach Übung. Statt Deinen Gesprächspartner mit dem Inhalt von Datenblättern einzuschläfern, kannst Du ihn mit auf eine Heldenreise nehmen, ihn durch Höhen und Tiefen führen und dabei emotionale Höhepunkte setzen. Du kannst Deine Story dramatisch zuspitzen und maximale Fallhöhe erzeugen, bevor Du den gespannten Zuhörer gnädig ins Happy End entlässt. Im Kapitel 12 zum Thema Storytelling sprechen wir darüber, wie das geht.

10. Schaffe eine positive Grundhaltung

Gute Ergebnisse erreichst Du in einem Gespräch mit guter Atmosphäre. Es gibt eine Reihe von Möglichkeiten, die Du gezielt einsetzen kannst, damit Dein Gegenüber sich rundum wohl fühlt und eher geneigt ist, sich aktiv für Deine Anliegen einzusetzen. Es geht in diesem Kapitel darum, wie Du Motivation für Empfehlungen erreichen kannst. Dafür willst Du Deinen Partner in großem Bogen sicher um die Klippen von Skepsis und Kritik in eine klare Haltung der Zustimmung führen.

Such das Ja, vermeide das Nein! Geübte Gesprächsführung besteht häufig darin, dem Anderen Fragen zu stellen, statt ihm Informationen um die Ohren hauen. Fragen wirken besonders günstig, wenn sie möglichst oft Ja und möglichst nie Nein als Antwort auslösen. Du hast das selbst in der Hand. Diese Gesprächstechnik wird häufig in Verkaufsseminaren gelehrt, um Menschen auf einen Pfad der Zustimmung zu führen. Die Technik lässt sich aber auch einfach anwenden, um dem Gespräch eine angenehme Grundstimmung zu geben und die gewünschten Gedanken bei Deinem Partner zu festigen.

Du kannst Dich dafür auf offensichtliche Fakten beziehen oder Hintergrundwissen geschickt einsetzen. Achte auf Deine ersten Fragen, damit die Gesprächsdynamik nicht abstürzt. Du kannst mit ungünstigen Fragen nämlich auch das Gegenteil erreichen. Ein gesagtes Ja schafft Verbindung und Vertrauen. Ein Nein erzeugt Distanz und Unsicherheit. Hast Du dreimal nacheinander Nein geerntet, kannst Du ein Gespräch in vielen Fällen abbrechen. Für Menschen ohne rhetorische Schulung ist bei dieser Technik Vorsicht angeraten.

Mach Dich klein

Angeber mag niemand. Völlig unabhängig davon, ob es nun stimmt oder nicht, was jemand so großspurig in den Raum stellt. Wer mit der Attitüde ins Gespräch geht: „Hallo. Ich bin besser als Du!", muss sich nicht wundern, wenn ihm Ablehnung entgegenschlägt.

Viele Unternehmer scheuen sich davor, Schwächen zu zeigen. Dabei liegt eine große Stärke darin, wenn jemand seine Schwächen nicht verstecken muss, weil er das einfach nicht nötig hat. Bescheidenheit und Selbstbewusstsein können sehr gut zusammenpassen. Ich habe das auf meinen Reisen in Südostasien überzeugend erleben dürfen. Versuch Dich kleiner zu machen, als Dein Gegenüber, ohne Dich damit zu entwerten. Dann bringst Du den Anderen zum Leuchten. Und dieser Glanz strahlt wirksam auf Dich selbst zurück.

Geh ins Gespräch mit der Haltung: „Du bist großartig. Ich bin es auch."
Dann wirkt Ihr wie zwei Sterne, die umeinander kreisen und sich
gegenseitig anleuchten. Ein Gespräch in so einer Stimmung macht
einfach Spaß.

Offene Kommunikation mit dem Körper

Der größte Teil der Sprache passiert auf nonverbaler Ebene. Es wäre
Verschwendung, dieses weite Feld nicht auch für den
Beziehungsaufbau zu nutzen. Die Gesprächshaltung ist ein dankbares
Instrument, um Einstellungen und Beziehungsgefüge zu
kommunizieren.

Direkt voreinander stehend wird das Gefühl der Konfrontation
transportiert . Das möchtest Du vermeiden. Achte darauf, Dich Deinem
Partner etwa im rechten Winkel zuzuwenden. Wo es die Sitzordnung
nicht anders zulässt, kannst Du den Stuhl leicht seitlich drehen. So
kannst Du schon vor dem ersten Wort Spannung aus der Situation
nehmen und die Grundlage für einen sympathischen Eindruck
schaffen. Hier spielen auch die Gesprächshaltungen auf Seite 168 eine
wichtige Rolle.

Unterschiedliche Charaktere gehen verschieden mit Nähe und Distanz
um. Wo es möglich ist, gehe auf die Bedürfnisse Deines
Gesprächspartners ein. Dann fühlt er sich wohler. Achte dabei aber
auch auf Deine eigenen Grenzen, weil Deine Anspannung ebenfalls
leicht sichtbar wird.

Suche Augenkontakt, spiegele die Körpersprache Deines Gegenübers
und signalisiere Zustimmung durch Gesten. Damit kannst Du elegant
und ohne das Gespräch inhaltlich zu stören, die Atmosphäre in
günstiger Weise prägen.

Das hast Du in diesem Kapitel gelernt:

1. Beziehungsaufbau will gelernt sein
2. Gefühle zeigen mit Methode
3. Der Umgang mit den vier Menschentypen
4. Aufmerksamkeit ist ein mächtiges Werkzeug
5. Hilfe bei Finanzen, Gesundheit oder der Familie
6. Zeige die Lösung, nicht die Gleichung
7. Andere erleichtern statt sich zu beschweren
8. Gib dem Anderen Bestätigung
9. Anschaulich und lebendig darstellen
10. Erzeuge eine positive Gesprächshaltung

Du weißt jetzt, wie Du selbst skeptische Kritiker in angenehme Bekannte, Freunde und motivierte Empfehlungsgeber verwandeln kannst. Im nächsten Kapitel gehen wir näher auf den strategischen Aufbau Deines Netzwerks ein.

kapitel 10

ZIELE ERREICHEN MIT NETZWERK STRATEGIEN

AVMZKT

In diesem Kapitel lernst Du eine Reihe wertvoller Strategien kennen, mit denen Du Deine Ziele im Networking gezielt ansteuern, erreichen und übertreffen kannst. Nutze die vorgestellten Netzwerkstrategien, um Partner zu planvoller Aktivität zu motivieren! Vervielfache den Nutzen bestehender und neuer Kontakte! Und verbessere durch effektives Training die Ergebnisse für alle beteiligten Partner!

1. Plane den Sieg

Einer der besten Sätze zum strategischen Handeln kommt von Benjamin Franklin: „Wenn Du beim Planen versagst, dann planst Du nur Dein Versagen." Was ist eine Strategie? Ein Plan für das geeignete Verhalten, um unter Einbeziehung möglichst aller relevanten Faktoren Dein Ziel zu erreichen. Mit einfacheren Worten: Du fragst „Wo bin ich und wohin will ich? Wie komme ich dahin und was brauch ich dafür?" Die Antwort darauf ist Deine Strategie.

Es ist simpel und fällt trotzdem meist unter den Tisch. Wie so oft im Leben neigen Menschen auch in der Netzwerkarbeit dazu, voller Elan zu starten und dann von einer Situation zur nächsten weiter zu wursteln. Keine Frage: Anfangen und ins Tun kommen ist wichtiger als alles andere. Aber es lohnt sich auch, darüber nachzudenken, was wir erreichen wollen und wie das am besten klappt.

Ohne Strategie überlässt Du viel mehr von Deinem Erfolg dem Zufall als nötig wäre. Schließlich und endlich erreicht eine planlose Herangehensweise nicht nur für den jeweiligen Netzwerker, sondern auch für dessen Partner nur einen Bruchteil der möglichen Wirkung. Es ist purer Eigennutz, wenn ich mir wünsche, dass eine Handvoll erprobter Netzwerkstrategien für jeden in meinem Metier zur Grundausstattung gehört.

Strategien oder Technik?

Noch ein kurzes Wort zu den Begriffen: Strategie und Taktik, Technik und Methode sind je nach Kontext sehr ähnlich definiert. Es geht immer um den günstigsten Weg, um von A nach B zu kommen und möglichst einfach C zu erreichen. Was aus einer Perspektive eine Methode unter vielen ist, kann aus einem anderen Blickwinkel eine komplexe Strategie sein, mit der Du eine ebenso komplexe Herausforderung für Dein Geschäft lösen kannst.

Wir sprechen an dieser Stelle über das zentrale Ziel aller Bemühungen zum Aufbau eines Netzwerks: Gute Empfehlungen, mit denen Deine Arbeit und Dein Leben sich so gestalten, wie Du es Dir immer gewünscht hast. Deswegen spreche ich aus der umfassendsten Perspektive von Netzwerkstrategien.

2. Fülle Deinen Werkzeugkoffer

Jeder, der sich mit dieser Arbeit beschäftigt, trifft früher oder später auf vergleichbare Herausforderungen. Das tägliche Brot des Netzwerkers ist zwar sehr vielfältig, aber es gibt auch viele Konstanten. Das ist ein Vorteil, weil es für die meisten Situationen erprobte Lösungen gibt. Wie bei einem Elektrikermeister: Bestimmte Werkzeuge gehören zur Grundausstattung, weil sie sich bewährt haben und einfach unverzichtbar sind. Zugleich hat jeder Handwerker seine eigenen Vorlieben und bevorzugt unterschiedliche Lösungen für bestimmte Situationen. Darum ähneln sich die Werkzeugkoffer von zwei Handwerkern des gleichen Gewerks, aber keiner gleicht dem anderen.

Ich lasse Dich hier einen Blick in meinen persönlichen Werkzeugkoffer werfen. Du findest darin Strategien für alle Bereiche und Phasen der Netzwerkarbeit. Ähnliche oder abgewandelte Ansätze wirst Du an anderen Stellen wiederfinden, weil sich die Lösungen und Methoden bei vielen Kollegen und Partnern bewährt haben. Probiere aus und experimentiere! Nutze die Instrumente, die am besten zu Dir passen, und entwickle Dein eigenes Repertoire!

3. Wer gibt gewinnt

Ziel: Beziehungen aufbauen und Sozialkapital sammeln

Ressourcen: Vorhandene Kontakte

Strategie: Suche aktiv nach Möglichkeiten, Deinen Netzwerkpartnern Empfehlungen zu geben! Fülle das Beziehungskonto Deiner Partner so sehr, dass Andere fast schon ein schlechtes Gewissen entwickeln, wenn sie nicht auch mal was für Dich tun!

Wenn jeder etwas für die anderen tut, kommt für alle viel heraus. Wird das konsequent umgesetzt, lässt sich Gewinn für alle gar nicht verhindern. Das Prinzip „Wer gibt gewinnt" ist jedem ein Begriff, der sich etwas länger mit dem Aufbau von Empfehlungen beschäftigt. Es kann als „Superstrategie" und als Grundgedanke der Netzwerkarbeit an sich bezeichnet werden. Die Überzeugung, dass diese Netzwerkstrategie funktioniert, ist die Grundlage, um überhaupt mit dem aktiven Aufbau eines Beziehungsnetzwerks und dem Sammeln von Sozialkapital zu beginnen.

Ich bin fest überzeugt davon und habe vielfach erlebt, dass diese Strategie hält, was sie verspricht: Mein erstes Buch handelt im Kern genau davon. Sie steht als Grundgedanke hinter systematischen Netzwerk-Organisationen wie dem BNI. Dort ist alles darauf ausgelegt, durch gegenseitige Hilfe und gezielte Kommunikation Empfehlungen auszulösen.

Spannende Unterschiede zeigen sich in der Umsetzung der Strategie in verschiedenen Gruppen. Ein einprägsames Beispiel war die Erfahrung meiner Netzwerkpartnerin im Englandurlaub. Stephanie beschloss während einer Reise nach London die Chance zu nutzen und als Gast an einem BNI-Treffen teilzunehmen.

Das Erlebnis war überwältigend. Bestürmt von allen Seiten hörte sie immer wieder dieselbe Frage: What can I do for you? Stephanie war beeindruckt. Diese Engländer haben es verstanden: Wenn jeder maximal bemüht ist, etwas für die anderen zu tun, dann hat folgerichtig jeder etwas davon. Diese Denkweise ist für alle deutlich fruchtbarer als das in Deutschland dominante „Geiern", bei dem die meisten zuerst an sich denken. Ich muss da immer ans Weihnachtswichteln denken: Jeder will ein Geschenk, aber keiner bringt den Anderen eins mit. Was für eine traurige Veranstaltung. Ich finde, das können wir besser.

Darin zeigen sich typische Unterschiede des angelsächsischen Stils im Umgang mit Geschäftspartnern. Selbst die aktivsten Gruppen in Deutschland, die ich kennenlernen durfte, können sich davon noch eine Scheibe abschneiden. Aus der Perspektive des PiGeiLeons ist das ein Skandal: Schließlich verschenken wir so auch einen Teil des Potentials, um für alle Partner mehr Geschäft der allerschönsten Art zu erreichen! Lasst uns darauf achten, das volle Potential dieser Netzwerkstrategie zum Wirken zu bringen. Mit einer Grundhaltung, die immer danach fragt, was Du gerade für Deine Partner tun kannst!

> Heiko ist einer der besten Unternehmensberater in Deutschland. Er hat mir eine stattliche Provision für vermittelte Kunden angeboten. Die habe ich abgelehnt. Für mich ist es viel wertvoller von ihm zu lernen, als Geld für vermittelte Kunden zu bekommen.

Auf meine Empfehlung hin haben sich mehrere Interessenten für seine Beratung entschieden. Dafür bekomme ich von ihm absolutes Premium-Wissen mit persönlichem Feedback direkt an der Quelle. Zusätzlich habe ich durch seine Empfehlungen sogar mehr Kunden bekommen, als die Provisionen wert gewesen wären.

Mein Lebensmotto:

Wer gibt gewinnt

Hallo, ich bin Siggi Heyne und habe die Netzwerkstrategie „Wer gibt gewinnt" zum Lebensmotto gemacht.

Ich wurde in ein Traditionsunternehmen hineingeboren und schon meine Vorfahren haben anderen geholfen, wann immer es geht. Das ist die Basis für unsere Erfolge seit 1882 bis heute. Dazu drei Geschichten aus meinem Leben:

1) Als ich Hans kennenlernte war er beim Ausbau seiner Wohnung. Die Arbeit war für ihn alleine zu viel, doch er konnte sich keine Unterstützung leisten. Obwohl wir uns kaum kannten, half ich ihm. Einfach so.

Seine Frau erzählte das begeistert ihrer Freundin, die hat es ihrem Nachbarn Armin weitererzählt und wie der „Zufall" es so wollte, suchte der einen leistungsstarken Partner für sein Projekt. Daraus entstand eine 25-jährige Zusammenarbeit.

So kamen viele neue Kontakte, Freunde und Partner dazu und damit Geschäfte und Gewinne sowie Freiheit und Wohlstand für alle Beteiligten. Und das alles nur, weil ich meinem Hans uneigennützig geholfen hatte. Hätte ich dafür eine Rechnung geschrieben, wäre all das nie passiert.

2) 2015 bot Rico mir an, für ihn zu arbeiten. Mich faszinierte seine Arbeit und ich spürte in seiner Firma ein hohes Maß an Achtung und Respekt. Darum machte ich ihm ein ungewöhnliches Angebot: „Ich arbeite bei Dir – aber nur OHNE Bezahlung!"

Sichtlich irritiert willigte Rico meinem Vorschlag ein. Der Mehrwert, den ich durch die Arbeit bei ihm bekam, war unbezahlbar. Unter anderem gewann ich Michael als Neukunden für Rico.

Diese Zusammenarbeit war so erfolgreich, dass Micha und Rico eine gemeinsame Firma gegründet haben, die mir heute gute Empfehlungen für mein eigenes Business einbringt.

3) Helga hatte einen Gehirnschlag und lag wochenlang im Koma. Die Ärzte rieten bereits zum Abschied, doch ich erinnerte mich an Robert, den ich vor 10 Jahren kennengelernt habe. Durch seine Hilfe bekam Helga wieder Energie in den Körper und ihre Herzleistung stieg von 18% über 70%.

Die Ärzte sprechen von einem Wunder. Sie ist aus dem Krankenhaus und kann mit ihrem Mann wieder lachen und glücklich sein.

Diese Erfahrung hat mein eigenes Leben nachhaltig verändert. Ich habe meinen alten Beruf mit der neuen Kernkompetenz verbunden, bin selber Experte für Vitalstoffe geworden, wurde automatisch in Familie und Beruf noch erfolgreicher und bin sehr sehr dankbar dafür.

Karma, Schicksal, Gott, irgendeine Kraft scheint uns genau zu beobachten. Und wenn wir aus reinem Herzen anderen helfen, bekommen wir den Lohn vom Universum doppelt zurück. Davon bin ich fest überzeugt.

Möchtest Du jemanden dabei helfen, schlanker, gesünder und fitter zu werden? Dann zeig ihm mein Geschenk:

www.KlickDichEin.de

Herzlichen Dank im Voraus!

Liebe Grüße

Dein Siggi

4. Präsentiere Deinen Appetizer

Ziel: Schwelle für Kontaktaufnahme und Empfehlung so niedrig wie möglich gestalten
Ressourcen: Kontakte mit potentiellen Neukunden
Strategie: Nutze das Einstiegsangebot bei jeder sich bietenden Gelegenheit

Ein funktionierendes Einstiegsangebot ist so wichtig, dass es in diesem Buch ein eigenes Kapitel bekommen hat. Die Form des Appetizers und seine Funktion für Deine Netzwerkpartner haben wir bereits in Kapitel 6 ausführlich besprochen. Hier geht es darum, wie Du ihn selbst mit maximaler Wirksamkeit einsetzen kannst.

Ein guter Appetizer kann für Dich zum Allzweckinstrument für die Kontaktanbahnung werden. Er schafft Vertrauen, bietet eine Plattform um Kontakt zu halten und erleichtert die Akzeptanz höherwertiger Angebote. Darum solltest Du ihn zu jeder Zeit und bei jeder Gelegenheit parat haben. Der Appetizer darf fast so locker sitzen, wie Deine Visitenkarte. Wenn Du die Gewohnheit entwickelst, bei jeder Visitenkartenübergabe auch Deinen Appetizer mit auf den Tisch zu legen, vergrößerst Du die Chancen auf feste und nutzbringende Kontakte.

Margit ist Buchhalterin mit fast 35 Jahren Berufserfahrung. Sie berät gerne junge Unternehmer und Start Ups. Eine Schwierigkeit dabei ist, dass sie schon im Geschäft gewesen ist, als die meisten Klienten noch nicht einmal auf der Welt waren. Wie überzeugt man junge Unternehmer mit der typischen Bindungsangst der Generation Y von den Vorteilen einer langfristigen Beziehung zu einer erfahrenen Spezialistin für Buchhaltung?

Mit einer unverbindlichen Erstberatung. Margit bietet eine regelmäßige Sprechstunde an, wo sie Gründern in einem kostenlosen Beratungstermin ihre wichtigsten Fragen beantwortet. Das hilft ihnen weiter und gibt Margit Gelegenheit, zu zeigen, dass sie auf die Ansprüche junger, digitaler Unternehmen voll eingehen kann. „Kommt zu meiner kostenlosen Erstberatung," ist ein hervorragender Abschlusssatz für ihren Elevator-Pitch.

5. Reversives Empfehlen

Ziel: Zahl der gegenseitigen Empfehlungen erhöhen

Ressourcen: Deine Kontakte und die Deiner Partner

Strategie: Jeder erstellt eine Liste mit den besten Kontakten und sucht sich aus, bei wem ihn der Andere ins Spiel bringen soll.

Im MasterMindClub ist die Erstellung einer Liste mit 30 interessanten Kontakten eine der Aufnahmevoraussetzungen. Dabei stellen wir als Gruppe sicher, dass unser Neumitglied bereits im Geschäftsleben steht und über erste Kontakte verfügt. So halten wir die hohe Qualität unserer Gruppe. Diese Dreißigerliste wird dann im Laufe der 12 Module immer wieder benötigt. Besonders wertvoll ist sie in dieser Netzwerkstrategie.

Bringe eine Liste Deiner 30 besten Kontakten mit zu Deinem Netzwerkpartner und frage, wen davon er kennenlernen möchte. Wenn der andere das auch tut, sind Empfehlungen in beide Richtungen garantiert. Reversives Empfehlen ist eine Strategie mit eingebautem Aha-Effekt. Denn ob bei einem Kontakt die Möglichkeit für eine Empfehlung besteht, erkennen vor allem weniger erfahrene Netzwerker oft erst aus nächster Nähe.

Viele Anfänger arbeiten zunächst nur mit passiven Empfehlungen. Sie erzählen von den Angeboten ihrer Netzwerkpartner nur auf direkte Anfrage. Das funktioniert leider nicht für Branchen, bei denen der Bedarf dem Interessanten nur teilweise oder gar nicht bewusst ist. Wer sucht aktiv nach einem Storytelling-Coach oder einem Anbieter von Schwarzlicht-Events?

Ein wirksames Mittel, um dieses niedrige Niveau in einem Gespräch gezielt zu steigern, ist das reversive Empfehlen. Bekommt Dein Partner eine Liste mit sich bietenden Möglichkeiten vorgelegt, erkennt er oft auch unerwartete Zielkunden. Beim genauen Hinsehen zeigen sich häufig Synergien, die Du gar nicht hättest ahnen können.

Ein Beispiel gefällig? Unter meinen Partnern ist ein Werbetexter, der auch Kreativ-Workshops anbietet. Dafür hat er großes Interesse an Kontakten zu Kindergärten, Bildungseinrichtungen und Praxen für

Nimm Deine Zehnerliste vom Anfang
und erweitere Sie zur Dreißigerliste:

	Name	Branche
1		
2		
3		
4		
5		
6		
7		
8		
9		
10		
11		
12		
13		
14		
15		

	Name	Branche
16		
17		
18		
19		
20		
21		
22		
23		
24		
25		
26		
27		
28		
29		
30		

Ergotherapie. Darauf wäre ich von mir aus nie gekommen, weil er mit seinem Pitch natürlich seine Hauptkunden aus anderen Branchen sucht. Doch als ich ihm meine Dreißigerliste vorgelesen habe, wurde er bei Kontakten hellhörig, bei denen ich es nie erwartet hätte.

Ganz nebenbei ist das reversive Empfehlen auch eine wirkungsvolle Pinguin-Therapie. Sie lädt zum Blick über den Tellerrand ein und gibt wertvolle Anhaltspunkte, um den eigenen Zielkunden besser zu verstehen.

Das reversive Empfehlen ist ein schneller und zuverlässiger Weg zu neuen Kunden, wenn man es mit den richtigen Netzwerkpartnern macht. Im MasterMindClub kommt dieses Modul bewusst erst in der zweiten Jahreshälfte, wenn jedes Mitglied bereits zum PiGeiLeon geworden ist. Auf diesem Level angekommen holen viele MasterMinder die Investition für das ganze Jahr schon allein in dieser einen Übung wieder heraus.

6. Der Freund und Helfer

Ziel: Sozialkapital wirksam steigern

Ressourcen: intensiver Kontaktaufbau mit einem Netzwerkpartner

Strategie: Setze Deine Hilfe möglichst effektvoll in Szene!

Nicht nur das Geschenk spielt eine Rolle, sondern auch die Verpackung. Eine Empfehlung kann sehr wertvoll sein. Damit sie ihre maximale Wirkung entfaltet, solltest Du sie auch ihrem Wert entsprechend darstellen! Bei dieser Strategie handelt es sich um eine Zeitlupenversion von „Wer gibt gewinnt".

Schritt 1: Bring zunächst in Erfahrung, welches Problem Du für einen neuen Kontakt lösen kannst und in welchem Bereich, geschäftlich oder privat, er seine Situation verbessern möchte. Du kannst mit den Ressourcen Deines Netzwerks dabei behilflich sein? Großartig.

Schritt 2: Gib ihm Deine Lösung nicht sofort, sondern baue zunächst Spannung auf. Schreibe eine E-Mail am Tag nach eurem Gespräch, dass Du Dich auf die Problemlösung begibst.

Schritt 3: Bei einem Anruf eine Woche später kannst Du Deine Lösung ankündigen und ein Treffen vereinbaren.

Schritt 4: Dort präsentierst Du die Lösung. Im Idealfall lässt sie sich gemeinsam umsetzen: Zum Beispiel durch einen Anruf bei dem entsprechenden Partner aus Deiner Kontaktliste. Danach ist der optimale Moment, um das eigene Anliegen zur Sprache zu bringen und um Unterstützung zu bitten.

Der Vorteil dieser Strategie ist, dass Du so auch eher kleinen Anlässen eine möglichst große Wirkung verleihen kannst. Reitstunden, ein Kita-Platz oder ein Termin bei einem gefragten Spezialisten für alternative Heilmethoden? Das kann zum Türöffner für nennenswerte, geschäftliche Unterstützung werden, wenn es optimal verpackt wird.

Ich nutze diese Strategie nur selten in ausgewählten Fällen. Durch meine progressive Art ist es mehr als einmal passiert, dass ein Gesprächspartner sich nicht richtig ernst genommen fühlt, wenn ich sein Problem in weniger Zeit löse, als ihn die Erklärung desselben gekostet hat. Dann klingt die Empfehlung zu leicht um wahr zu sein. Das ist problematisch insbesondere beim Umgang mit Netzwerkmäusen, bei denen der Vertrauensaufbau noch Zeit braucht.

7. Die strategische Allianz

Ziel: Anzahl der Empfehlungen erhöhen

Ressourcen: Kontakte von Partnern aus ergänzenden Branchen

Strategie: Schließe Dich mit weiteren Partnern und Dienstleistern rund um Deinen Lieblingskunden zusammen.

Die strategische Allianz ist eine mächtige Strategie, die hoch wirksame Mini-Netzwerke entstehen lässt, bei denen alle Partner optimal von der Zusammenarbeit profitieren. In „Topp vernetzt" ist die Strategie auf Seite 124 "Wie sie aus einem Kunden 5 machen" ausführlich beschrieben. Für alle neuen Leser gibt es hier noch einmal eine Zusammenfassung.

Ziel der Netzwerkarbeit ist es, auf elegante Weise Deinen Lieblingskunden zu erreichen. Dabei kannst Du die Tatsache ausnutzen, dass nicht nur für Dich dieser Zielkunde im Fokus steht. Wen braucht Dein Lieblingskunde? Welche Leistungen, Produkte und Angebote außer Deinem eigenen sind für Deinen Lieblingskunden kennzeichnend? Mit diesen Kriterien findest Du Partner, mit denen Du besonders vorteilhaft zusammenarbeiten kannst.

Drei bis fünf Partner mit dem gleichen Zielkunden bilden eine schlagkräftige, strategische Allianz. Wichtig ist natürlich, dass ihr keine Konkurrenten seid, sondern eure Angebote sich ergänzen. Schon zu Beginn könnt ihr Euch gegenseitig bestehende Kunden empfehlen. Bei fünf Partnern ist das für jeden schon eine Hand voll Empfehlungen. Mit jedem Neukunden lässt sich die Zusammenarbeit weiterführen. Auch auf Netzwerkveranstaltungen könnt ihr als strategische Allianz gemeinsam auftreten und Euch die Bälle optimal zuspielen. So erhöht ihr signifikant die Chance auf Empfehlungen und Abschlüsse für jeden Teilnehmer.

Peter ist mein persönlicher Experte für Storytelling. Er entwickelt Texte und hilft Unternehmern dabei, ihre Geschichten zu erzählen. Unter anderem in Flyern und Broschüren, die auch Illustrationen brauchen. Oder auf Webseiten, die von einem Webdesigner erstellt und häufig von einem SEO-Profi optimiert werden müssen. Peter ist Teil einer Gruppe von selbstständigen Spezialisten, die sich gegenseitig Aufträge vermittelt: Ein gutes Beispiel für eine strategische Allianz.

Jeder dieser Experten arbeitet eigenständig, hat seinen eigenen Kundenstamm und sein eigenes Netzwerk. Jeder kann derjenige sein, der den Auftrag erhält. Immer besteht die Möglichkeit, alle anderen mit ins Boot zu holen. Du darfst einmal raten, auf welchem Weg ich zu meinem Grafikdesigner gekommen bin! Das ist ein Paradebeispiel für eine strategische Allianz, die nicht nur im kreativen Bereich ein enormes Potential entwickeln kann.

Marion ist selbstständig als weltliche Trauerrednerin. Bei einer Beisetzung oder Trauerfeier hält sie die Trauerrede, wenn die Angehörigen keine religiöse Zeremonie wünschen. Wir kamen ins Gespräch, weil es ihr zu schaffen machte, dass sie in unserem BNI Unternehmerteam keine Empfehlungen bekam.

Meine Empfehlung für Marion war die Strategische Allianz. Ich sagte zu ihr: „Marion, wir alle kennen mehr Lebendige als Tote." Damit empfahl ich ihr die Gründung eines Seniorentreffs. Dort liest sie Gedichte und Heimatgeschichten, bringt Menschen ins Gespräch und kommt auf sympathische Art mit Senioren und ihren Angehörigen in Kontakt. Dabei greift wieder die Grundregel: Deine Zielgruppe kennt Deine Zielgruppe.

Auch andere Anbieter, die für Marions Publikum etwas zu bieten haben, bekommen Gelegenheit, sich zu präsentieren: Vom Friseur, der Hausbesuche macht, über den herzlichen und zuverlässigen Pflegedienst bis zum Veranstalter seniorenfreundlicher Reisen sorgen sie für immer neues Interesse und Vielfalt. Alle Beteiligten laden gerne ältere Menschen ein, sodass die Treffen immer wieder eine schöne Runde ergeben. Von dieser strategischen Allianz profitieren nicht nur die verschiedenen Anbieter altersgerechter Lösungen, sondern auch die Senioren und ihre Angehörigen.

8. Bau Deine eigene Bühne

Ziel: Sichtbarkeit für eigenes Angebot

Ressourcen: vorhandene Kontakte und hochwertige Inhalte

Strategie: Bau eine eigene Gruppe auf, in der Du im Zentrum stehst!

Wer über eine eigene Bühne verfügt, hat ein mächtiges Instrument zur Verfügung, das als Katalysator die Netzwerkarbeit um ein Vielfaches wirksamer machen kann. Egal, worum es in einer Gruppe inhaltlich geht: Der Gründer steht im Rampenlicht, genießt erhöhte Sichtbarkeit und besonderes Vertrauen. Die treibende Kraft hinter einem sichtbaren Projekt zu sein schafft Reputation auch nach außen und in anderen Netzwerken: „Das ist doch der, der..." Mit der Hoheit über Themen und Inhalte ziehst Du außerdem gezielt die Leute an, die Du willst und brauchst.

Dahinter steckt relativ viel Arbeit und zeitintensives Engagement. Die eigene Bühne zu schaffen erfordert die Anwendung mehrerer Methoden und Strategien: Einstiegsangebot, strategische Allianz und natürlich das klassische Wer gibt gewinnt gehören zu den Strategien, mit denen Du eine größere Zahl von Interessenten für ein konkretes Thema sammeln kannst.

Viele Formate eignen sich als Bühne für das eigene Netzwerk: Ein Stammtisch mit inhaltlichem Schwerpunkt gibt Dir die Möglichkeit, mit geringem Einsatz das Interesse auszuloten. Eine offene Netzwerkveranstaltung versammelt gezielt Unternehmer mit Interesse an neuen Kontakten. Eine neue Gruppe innerhalb eines bestehenden Systems zu gründen (zum Beispiel einen neuen MasterMindClub) hat den Vorteil, dass Du auf vorhandene Strukturen zurückgreifen kannst.

Auch online bieten sich zahlreiche Möglichkeiten: Vom nachhaltigen Aufbau eines thematischen Blogs mit festem Leserstamm bis zu einer schnell erstellten und leicht zu bewerbenden Facebookgruppe.

Das Kriterium, mit dem der Erfolg dieser Strategie steht und fällt, ist der Wert und die Darbietung des Inhalts. Welchen Grund kannst Du den Menschen, an denen Du Interesse hast, bieten, um sich vor Deiner Bühne zu versammeln? Verschenke greifbaren Mehrwert, über den sich gut und gern sprechen lässt und im Gegenzug versammelst Du Menschen hinter Deinem Projekt.

Mein Gesellenstück: Topps Terrassen

Das Gesellenstück meiner Netzwerkerkarriere war die Facebookgruppe „Neu in Leipzig 2012". Ursprünglich wollte ich einfach nur nette Menschen in der neuen Heimat kennenlernen. Ohne mich damals schon als „Netzwerker" zu bezeichnen, habe ich aber genau die Verhaltensweisen angewandt, die schon im Praxishandbuch für Netzwerkveranstaltungen beschrieben sind und die ich für Dich in diesem Buch noch weiter vertiefe. Plötzlich standen jede Woche 35 Leute in meiner Leipziger Partywohnung. Topps Terrassen haben dadurch Kultstatus erhalten.

Bald musste ich auf externe Gastronomie ausweichen, weil ich gar nicht mehr so viel kochen konnte:

„Guten Tag, Roman Topp mein Name.
Ich möchte ein paar Tische für nächste Woche Freitagabend für meinen Neubürgerstammtisch reservieren"

„Wie viele kommen denn da so?"

„So um die 120 bis 130."

Schweigen in der Leitung...

Aus diesem Netzwerk, das ich intuitiv aufgebaut habe, sind soweit mir bekannt in den letzten sechs Jahren über 40 glückliche Paare hervorgegangen und daraus schon zehn Kinder. Es wurden Jobs vermittelt, Wohnungen gefunden und vor allem viele, viele Freundschaften geschlossen.

Was hat mir das Ganze gebracht? Neben einigen meiner wichtigsten Freunde und einer Reihe späterer Kunden kann ich nur ganz ehrlich sagen: Ohne dieses Netzwerk wäre ich heute nicht der, der ich bin.

Der Aufbau eigener Netzwerke und die Etablierung attraktiver Veranstaltungen sind unschlagbare Strategien für erfolgreiches Networking. Sie sind außerdem meine erklärten Lieblingsthemen im Privatcoaching und in der Firmenberatung. Wenn Du langfristig von

Sollten wir jetzt alle Facebookgruppen für Neubürger gründen? Bestimmt nicht. Als ich im März 2017 zur Challenge nach Dresden gezogen bin, habe ich das nicht getan. Ich dachte, durch mein positives Engagement fliegen mir die Herzen auch so zu. Naja, wie bereits im Vorwort erwähnt hat mein progressiver Ruhrpott-Charme die Dresdner nicht auf Anhieb erreicht. Nach zwei Monaten in der Stadt kam bei mir an, was hinter meinem Rücken bereits Stadtgespräch war: Was ist dieser Typ nur für ein arrogantes A...?

Jetzt hätte ich beleidigt sein und mein Engagement in einer anderen Stadt weiterführen können, in der mein persönlicher Stil leichter ankommt. Doch ich bin ja keine Netzwerkmaus. Stattdessen entschied ich mich, mein eigenes Netzwerk zu gründen.

„Es ist okay, dass Ihr mich doof findet. Es ist auch okay, dass Ihr Euch ausgiebig über mich unterhaltet. Das kann und will ich Euch gar nicht verbieten. Aber eins wäre fair: Gebt mir erstmal eine Chance! Ich werde hier das machen, was ich etliche Male in Leipzig getan habe: Ich veranstalte einen Netzwerkabend."

So kam es am 13. Juni 2017 zu meinem ersten Dresdner Netzwerkabend. Um es kurz machen: Aus Kritikern wurden innerhalb eines Abends Fans. Und aus einem Abend wurde eine monatliche Veranstaltungsreihe. Aus Fremden werden durch meine Moderation jeden Monat neue Geschäftspartner. Und aus dem „Dresdner Netzwerkabend" wurde der Sächsische Rednerabend, der mittlerweile jedes Mal knapp 100 Teilnehmer anzieht.

Jetzt die Preisfrage: Wer steht dabei jedes Mal mit im Zentrum der Aufmerksamkeit und erhält dadurch unbezahlbare Sichtbarkeit für die eigenen Dienstleistungen? Du verstehst jetzt sicher den Wert einer eigenen Netzwerkveranstaltung!

einem eigenen Netzwerk oder einer eigenen Veranstaltungsreihe profitieren möchtest, werde ich Dir dabei mit großer Erfahrung und mit noch größerem Vergnügen zur Seite stehen.

9. Der Lieblingskunde

Ziel: Sozialkapital massiv ausbauen

Ressourcen: Ungehemmte Kundenansprache

Strategie: Vermittle für einen Partner einen Kontakt zu dessen Lieblingskunden

Es klingt fast zu banal, um es extra zu erwähnen. Und genau deswegen tue ich es trotzdem, denn manchmal sieht man den Wald vor lauter Bäumen nicht mehr. Wahrscheinlich erscheint es Dir logisch, dass sich Dein Netzwerkpartner freuen würde, wenn Du ihm den einen absoluten Traumkunden bringst. Doch für wie viele Netzwerkpartner hast Du das wirklich jemals versucht?

Dann tue es jetzt. Frage einen Netzwerkpartner, den Du um etwas Großes bitten willst, wer sein absoluter Lieblingskunde ist. Hilf ihm, genau diesen Kunden zu bekommen. Und wenn Du dafür klassische Kaltakquise betreiben musst.

Es ist wie bei verliebten Teenagern: Sie traut sich nicht, ihren Traumprinzen auf dem Schulhof anzusprechen. Stattdessen schickt sie die beste Freundin vor. Die hat wesentlich weniger Hemmungen. Mit ein paar Zetteln, die im Unterricht hin und her gereicht werden, schafft sie es, dass die Beiden am Abend auf der Party Händchen halten.

So läuft es auch bei Geschäftsleuten: Viele trauen sich nicht, ihren Traumkunden direkt zu kontaktieren. Wenn Du das Interesse auslotest und einen Weg anbahnst, wird es Dir Dein Netzwerkpartner ewig danken. Und ist hochmotiviert, auch Dir einen großen Gefallen zu tun.

10. Aktivierungsgespräche mit der Empfehlungsformel

Ziel: Einen Netzwerkpartner ins Handeln bringen

Ressource: Die Empfehlungsformel

Strategie: Ein Gespräch mit vertauschten Rollen führen

Selbst Netzwerkpinguine kommen früher oder später auf die sinnvolle Idee, sich bei einem 4-Augen-Gespräch näher kennenzulernen und mehr über das Geschäft des anderen zu erfahren. Ich habe Hunderte solcher Gespräche geführt, was mich sehr viel Zeit gekostet hat und bei 80% der Gespräche ist daraus kein Business entstanden und oftmals habe ich die Gesprächspartner danach nicht mal mehr wiedergesehen. „Typisch Chamäleon", dacht ich mir noch bis vor einem Jahr. Doch mit der Empfehlungsformel hast Du nun eine Technik, um das maximal mögliche aus dem Gespräch herauszuholen. Und das sogar in wenig Zeit.

Üblicherweise laufen diese Gespräche so ab: Erst erzähle ich, was ich mache und wen ich suche. Dann ist Seitenwechsel und Du sagst, was Dein Business ist. Im günstigeren Falle hat man 1-2 Namen für den anderen Kopf. Ansonsten gesteht man sich das Scheitern des Gespräches mit den wohlklingenden Worten ein: „Wir halten die Augen füreinander offen".

Das Kernproblem liegt in der Tatsache, dass die gesagten Informationen beim anderen nicht so ankommen, dass sie zu 100% verstanden werden. Das ist auch gar nicht möglich, wenn man mehr oder weniger einen 30 Minuten Monolog auf den anderen loslässt. Totale Reizüberflutung. Zu viele Informationen auf einmal. Die Lösung darauf lautet: Fragen statt sagen!

Wenn der andere die Empfehlungsformel nicht gelesen hat oder gar nicht kennt, darfst Du das Gespräch in beide Richtungen moderieren. Das mag erst mal ungewöhnlich sein, doch es bringt mehr Erfolg für Euch beide. Vertrau mir.

Roman: „Liebe Sandra, sag mir doch mal bitte in Deinen Worten,
wie Du mein Angebot verstehst!"

Sandra: „Also, Du leitest den MasterMindClub,
gibst das Seminar Empfehlungsexplosion,
gibst VIP-Coachings und hast zwei Bücher geschrieben."

Immer positiv bestätigen. Bei Bedarf ergänzen.

Roman: „Super, genau richtig. Man könnte noch
die Unternehmensberatungen ergänzen,
doch die ist im Prinzip dasselbe, wie das Coaching.
Jetzt mal Hand aufs Herz. Wie sehr hast Du
Vertrauen in meine Fachkompetenz?
Vielleicht in 0–100% ausgedrückt."

Sandra: „Ich habe Dich nun in 3 MasterMind Treffen erlebt
und habe mich in der kurzen Zeit schon so stark verbessert.
Ja doch, das sind 100%"

Guter Wert: Bedanken und freuen

Schlechter Wert: Für Ehrlichkeit bedanken und mit Storytelling aus
Kapitel 12 zwei oder drei Referenzgeschichten von zufriedenen
Kunden erzählen. Dann fragen, ob der Prozentwert dadurch etwas
gestiegen ist.

Roman „Toll, das freut mich sehr zu hören. Danke,
Sandra. Kannst Du bei der nächsten Frage bitte genauso ehrlich sein?
Unser aller Tag hat nur 24 Stunden. Wie hoch ist Deine Motivation,
Dich aktiv um einen neuen Kunden für mich zu bemühen? 0 bedeutet,
Du erzählst nicht mal reaktiv von mir, wenn jemand
einen Netzwerktrainer sucht und 10 bedeutet,
Du rufst jetzt sofort jemanden an."

Sandra: „Hihi, jetzt sofort vielleicht nicht,
aber Montag ist mein Geben-Tag.
Da werde ich mich besonders für Dich einsetzen. Also 8."

Guter Wert: Bedanken und freuen

Schlechter Wert: Für die Ehrlichkeit bedanken und fragen, was man
tun kann, um die Motivation zu erhöhen. Stellen wir uns vor, Sandra
hätte zurückhaltend geantwortet:

„Tja, also wenn ich wirklich ehrlich sein soll,
Roman, Du bist nicht immer der sozialkompatibelste Mensch
und ich habe ganz viel in meinem eigenen Business zu tun
und ich kenne andere Vertriebstrainer,
mit denen ich schon lange zusammenarbeite
und was hast Du überhaupt jemals für mich getan?"

Roman: „Ach Sandra, ich finde es so großartig von Dir,
dass Du mir das so offen sagst.
Jetzt weiß, wo ich an mir arbeiten kann..."

Sandra hat vier Gründe genannt, die ihrer Motivation im Weg stehen. Wunderbar! Damit können wir arbeiten.

Offene Worte sind extrem wertvoll. Damit entsteht die Gelegenheit, Persönliches zu klären und reinen Tisch zu machen. Wenn die Chemie zwischen Partnern bisher nicht so ganz gestimmt hat, helfen hier die Sympathietechniken aus dem letzten Kapitel und insbesondere Tobis tierische Menschentypen.

Wenn Dein Gegenüber zu beschäftigt ist, um sich mit Empfehlungen zu befassen, kannst Du ihm sagen, dass es Dir früher genauso ging. Dann hast Du Deinen Lebenssinn erkannt. Erzähle von Deiner Mission. Wenn sie stark genug ist, steigst Du bei Deinem Gegenüber in den Prioritäten.

Konkurrenz ist vorhanden? Großartig! Das bedeutet, Dein Gesprächspartner hat Erfahrung damit, Deine Branche zu empfehlen. Nun gehst Du näher auf Dein Alleinstellungsmerkmal und Deine Nische aus Kapitel 6 ein, um Dich wirksam abzugrenzen.

Oftmals ist in solchen Gesprächen auch das Beziehungskonto noch zu leer, um große Gegenleistungen auszutauschen. Aber das muss nicht so bleiben. Erinnere Dich an die „Wer gibt gewinnt"-Strategie in diesem Kapitel und an die Geschichte von Siggi! Umsetzen kannst Du das mit den Empfehlungstechniken aus Kapitel 4.

Roman: „Was denkst Du, Sandra, an wen sich mein Angebot richtet?
Wer ist mein Zielkunde?"

Sandra: „Alle Menschen, die auf Netzwerkveranstaltungen gehen."

Positiv bestätigen. Bei Bedarf präzisieren.

Roman: „Ganz genau. Vor allem dann, wenn Sie wollen, dass ihre Firma weiter wächst. Am liebsten sind mir übrigens IT-Leute und Ingenieure, also Menschen, die sich so kompliziert ausdrücken, dass sie normale Leute nicht verstehen. Hast Du Kontakt zu so jemandem?"

Sandra: „Oh ja, auf meinem Unternehmerfrühstück ist Willi vom IT-Systemhaus CompoFit. Er spricht immer so technisch, dass ich gar nicht weiß, was er macht.

Roman: „Interessant. Wie würdest Du mich bei ihm denn empfehlen?"

Sandra: „Ja, also, ich kann ihm sagen, dass ich mit Dir gesprochen habe und wenn er das auch will, dann kann er sich bei Dir melden."

Roman: „Okay, das ist schonmal gut. Noch besser und auch einfacher für Dich wäre, wenn Du ihn fragst, ob er ab und zu Bücher liest. Wenn ja, dann lasse ich ihm mein „Praxishandbuch für Netzwerkveranstaltungen" zukommen und wenn nicht, lade ich ihn zu einer meiner Veranstaltungen ein. Wie klingt das für Dich?"

Und schon sind wir mitten in Training. An dieser Stelle siehst Du, wie nützlich ein Appetizer ist. Übrigens: Ist Dir aufgefallen, wie ich die Sympathietechniken anwende? Auch wenn Sandra etwas sagt, das ich aus bestimmten Gründen anders sehe oder sogar für ganz falsch halte, belehre ich Sie nicht, sondern ergänze sie aus einer positiven Haltung.

Glückwunsch: Du hast einen potentiellen Kunden durch das Gespräch. Versuche dies auf zwei, besser drei zu steigern. Beim Seitenwechsel leitest Du ebenfalls das Gespräch. Die Punkte Vertrauen und Motivationsbereitschaft übergehe ich aus meiner Perspektive in der Regel, denn wenn das bei mir nicht schon gegeben wäre, säße ich mit der Person gar nicht am Tisch.

Ich stelle also folgende Fragen und gebe Sandra Raum, mich zu informieren und zu trainieren:

„Sandra, wenn ich Dein Angebot richtig verstanden habe, machst Du ABC. Ist das richtig?"

„Kannst Du mir etwas von Deinen zufriedensten Kunden erzählen?"

„Deine Zielkunden sind also X und Y, richtig?"

„Okay, da kenne ich zum Beispiel Günther.
Er beschäftigt sich mit Z. Könnte der interessant für Dich sein?"

„Prima, dann würde ich ihn fragen,
ob Du ihn kontaktieren sollst.
Ich sage ihm über Dich ABC. Würde das so passen?"

Diese Vorgehensweise ist wirklich sehr mächtig. Du kannst sie auch gut mit dem reversiven Empfehlen kombinieren. Noch ein Hinweis, damit Du diese Strategie korrekt einsetzt: In diesem Buch habe ich nur eine Seite des Gespräches ausführlich dargestellt, um Dich nicht mit Dopplungen zu langweilen. In Wirklichkeit sind beide Seiten des Gespräches gleich lang. Ich empfehle Dir sogar erst über Deinen Partner und dann erst über Dich selbst zu sprechen.

Lernen ist die beste Strategie

Zum Abschluss will ich Dich noch einmal daran erinnern, was einen guten von einem großartigen Netzwerker unterscheidet: Nur einer von beiden gibt sich mit dem zufrieden, was er weiß und was er kann. Dazulernen, „mit den Augen klauen" und sich die Erfolgsstrategien seiner Artgenossen aneignen, das gehört zum artspezifischen Verhalten eines PiGeiLeons.

Wenn Du erleben willst, wie weit die Möglichkeiten reichen, mit Empfehlungen angenehme Geschäfte zu machen, dann hör nie auf, Fragen zu stellen und achte immer auch darauf, wie es die Anderen machen. Such nach echtem Premium-Wissen und geh ohne Zögern dorthin, wo es zu haben ist! Wenn Du nur eine einzige Strategie beherzigen kannst, dann sollte es diese sein.

Das hast Du in diesem Kapitel gelernt:

1. Plane den Sieg
2. Fülle Deinen Werkzeugkoffer
3. Wer gibt gewinnt
4. Präsentiere Deinen Appetizer
5. Reversives Empfehlen
6. Der Freund und Helfer
7. Die strategische Allianz
8. Bau Deine eigene Bühne
9. Der Lieblingskunde
10. Aktivierungsgespräche mit der Empfehlungsformel

Nun schauen wir uns im letzten Kapitel an, wie der Weg von der Empfehlung bis zum Abschluss aussehen kann. Denn erst mit der gültigen Unterschrift unter den Vertrag hast Du wirklich Dein Ziel erreicht.

POWER PITCH
&
ELEVATOR PITCH

In diesem Kapitel erfährst Du, warum Dein Elevator Pitch Dein wichtigstes Werkzeug beim Netzwerken ist. Du lernst, Deinen Pitch so zu gestalten und einzusetzen, dass er Dir mit maximaler Effizienz helfen kann, Dein Angebot und Deinen Zielkunden sichtbar zu machen.

1. Das Multitool für den Networker

Multitools sind eine unglaublich praktische Erfindung: Kleine, handliche Werkzeuge, die in die Hosentasche passen und in kompakter, gut durchdachter Form zahlreiche Funktionen in sich vereinen. Das Schweizer Offiziersmesser, das Leatherman Tool und auch moderne Smartphones sind echte Alleskönner. In Momenten, wenn das große Spezialwerkzeug nicht zur Hand ist, lassen sich mit dem Multitool aus der Hosentasche auch schwierige Herausforderungen mit Leichtigkeit meistern.

Multitools gehören zur Grundausstattung für Handwerker, Hobbygärtner und moderne Abenteurer. Und auch der Netzwerker hat sein optimal ausgestattetes Multitool jederzeit greifbar. Das ist der Elevator Pitch. Gut geschliffen und mit allen Funktionen einsatzbereit wird Dein Pitch zum ständigen Begleiter auf Netzwerkveranstaltungen und in jeder Begegnung, die Du in einen geschäftlichen Erfolg verwandeln willst.

Schlechter Pitch = schlechter Netzwerker.

In der Praxis bestätigt sich diese Formel fast immer. Ich erlebe manchmal gestandene Netzwerker, die seit Jahren Energie in den Aufbau von Empfehlungsgeschäft investieren. Aber sie haben sich nie wirklich intensiv mit der Bedeutung und den Funktionen des Pitchs beschäftigt. Das Ergebnis ist ein Auftritt in diesem Stil: „Ja hallo. Ich bin der Norbert Netzwerker. Äh, also, ich mache so ...“

Der Gute ist womöglich eine einmalige Koryphäe und macht seine Arbeit besser, als jeder andere im Großraum Kleinliebenau. Leider bekommen das die Allermeisten nicht mit, weil ihnen schon beim ersten Satz neben den Fußzehen auch die Großhirnrinde eingeschlafen ist.

Netzwerken ohne guten Pitch ist möglich. Es ist auch möglich, Bäume mit Faustkeilen zu fällen und Dachlatten mit schweren Steinen anzunageln. Und es gibt gute Gründe, weshalb man einen Profi oft noch vor dem ersten Handgriff an der Qualität seiner Werkzeuge erkennt.

Besser geht immer

Alle zentralen Aspekte des Netzwerkens, die Du kennengelernt hast, sind in diesem Instrument in extrem kompakter Form enthalten. Der Pitch eignet sich deswegen hervorragend als Ausgangspunkt für die praktische Vorbereitung auf Deine aktive Netzwerkerlaufbahn.

Im Praxishandbuch für Netzwerkveranstaltungen nimmt der Elevator Pitch viel Raum ein. Dort findest Du viele praktische Tipps, um den Pitch vom Einstieg bis zum letzten Satz optimal abzuschleifen. Auch wenn Du diese Anleitung bereits verinnerlicht und angewendet hast, musst Du dieses Kapitel hier nicht überblättern. Es lohnt sich immer, sich näher mit diesem zentralen Punkt der Netzwerkarbeit zu befassen. Wer einmal bei mir am Elevator Pitch Training teilgenommen hat, kann bestätigen, dass auch ein sehr guter Pitch sich immer noch verbessern lässt.

Pitchen ohne Fahrstuhl

Was willst Du mit Deinem Pitch erreichen? Sicher kennst Du die Story über die Entstehung des Elevator Pitchs. Ich fasse sie nochmal in drei Sätzen zusammen: Ein Angestellter hat eine gute Idee, die seine Vorgesetzten leider nicht hören wollen. Eines Tages trifft er zufällig den Konzerninhaber im Fahrstuhl und schafft es in der kurzen Zeit bis zur obersten Etage, ihn von seiner Idee zu überzeugen. Daraufhin wird erstens die Idee umgesetzt und zweitens der Angestellte befördert.

Diese Geschichte ist schön. Aber Du bist kein Angestellter, der vom Chef beachtet und befördert werden will. Du bist ein Unternehmer und ein Netzwerker. Du willst mit Empfehlungen dauerhaft auf schönste und effektivste Art Deine Lieblingskunden finden und Dir damit das Leben ermöglichen, von dem Du immer geträumt hast. Dein Pitch muss mehr können.

2. Dreiklang für erfolgreiche Gespräche

Ich habe festgestellt, dass ich meine eigene Lehre aus Buch 1 in der Praxis mittlerweile anders lebe, als ich sie beschrieben habe. Den Leuten ohne Vorankündigung einen Elevator Pitch vor die Nase zu setzen, ist unauthentisch. Auf die Frage „Was machen Sie denn so?" mit einem 60-Sekunden- Pitch zu antworten wirkt aufgesetzt. Die Lösung ist kurz, einfach und funktioniert hervorragend. Ich nenne sie Power Pitch.

Beim ersten Zusammentreffen mit einem neuen Kontakt schon Empfehlungen platzieren oder selbst Abschlüsse kassieren? Nett, aber utopisch. Inzwischen weißt Du genau, dass ohne Beziehungsaufbau nichts zu gewinnen ist. Die Gespräche dafür lassen sich in drei Stufen einteilen. Dafür habe ich einen Dreiklang zur Verfügung, bei dem jedes Element auf dem vorhergehenden aufbaut.

1. Power Pitch

2. Elevator Pitch

3. Storytelling

Ein wichtiges Ziel Deiner Gesprächsführung besteht darin, das Interesse bei Deinem Gesprächspartner so zu erhöhen, dass er Dich auf jeder Stufe aktiv dazu einlädt, zur nächsten überzugehen. Lass uns genauer anschauen, was passieren muss, bevor Du den Elevator Pitch anbringen kannst. Danach betrachten wir seine Bestandteile und Funktionen im Detail. Über die anschließende Stufe, das Storytelling, sprechen wir ausführlich im folgenden Kapitel.

3. Starker Einstieg mit dem Power Pitch

Auf Netzwerkveranstaltungen ist jede Minute, die jemand mit unentschlossenem und schwammigem Blabla verbringt, verlorene Zeit. Du kannst jede Begegnung vom ersten Wort an auf Erfolgskurs bringen. Gib Deinen Partnern in den ersten Sätzen, die sie von Dir hören, gute Gründe, Dir ihre Zeit zu widmen: Mit dem Power Pitch!

Der Power Pitch, wie ich ihn nutze und lehre, ist ein bis zwei Sätze lang und dauert wenige Sekunden. Er beinhaltet maximal komprimierte Kerninformationen und eine Einladung, weiter zu gehen. Der Geier drückt seinem Gegenüber ungefragt seine Botschaft ins Ohr. Das PiGeiLeon bleibt aufmerksam und weckt im Anderen den Wunsch, das Gespräch zu vertiefen. Mäuse stottern, stammeln und schweigen Dich mit großen Augen an. Pinguine machen Scherze über das gute Essen und das schlechte Wetter. Das PiGeiLeon bahnt mit maximaler Knappheit und Klarheit wertvolle Kontakte an.

Bring die Begegnung auf die nächste Stufe!

Stell Dir vor Du bist auf einer Veranstaltung und zwei Teilnehmer laden Dich ins Gespräch ein.

Der Erste sagt: „Hallo, ich bin Sven und verkaufe Alarmanlagen."

Der Zweite sagt: Hallo. Ich bin Mark. Ich bin hier der EDV-Verhinderer."

„Ein was?"

„Na ein EDV Verhinderer."

Wer von beiden interessiert Dich mehr und wem wirst Du mehr Aufmerksamkeit widmen? Jetzt lösen wir auf: EDV steht für Einbruch, Diebstahl, Vandalismus. Beide sind von derselben Firma für Sicherheitstechnik. Mark hat sich allerdings deutlich wirkungsvoller präsentiert.

Auf meinen Netzwerkveranstaltungen, im Dresdner Netzwerkabend und im MasterMindClub habe ich besondere Namensschilder eingeführt. Ich fand es schon immer furchtbar öde, wenn auf einem Namensschild Finanzberater, Rechtsanwalt, Hausmeisterservice oder ähnlich „kreative" Sachen stehen. Wer kommt denn bitte an und sagt: „Oh! Sie sind Vermögensberater. Wie aufregend. Erzählen Sie mir mehr!"

Auf meinen Namensschildern stehen Begriffe, die sich auf den ersten Blick nicht so leicht einordnen lassen und Fragen aufwerfen.

„Was ist denn ein EDV-Verhinderer?"

„Wieso denn Morpheus für die Finanzen?"

„Was macht man als Schönheitschirurg für Häuser?"

Diese Frage ist eine Einladung, das eigene Angebot genauer zu beschreiben. Mit dieser Einladung kannst Du direkt in Deinen Elevator Pitch übergehen.

In abgewandelter Form ist diese Technik auch als Einleitung für den Vortrags-Pitch nützlich. Den benutzt Du im Rahmen einer Vorstellungsrunde, bei der Du schon von Vornherein die Einladung hast, den längeren Elevator Pitch vorzutragen.

4. Anschluss mit dem Elevator Pitch

Wenn nach dem Power Pitch die Einladung ausgesprochen wurde, schließt nahtlos der Elevator Pitch an. Es gelten die gleichen Regeln wie für den Power Pitch: Knappheit und Klarheit in Verbindung mit einem einladenden Auftreten, damit sich bei Deinem Gegenüber Aufmerksamkeit und Interesse verstärken. Wieder ist das Ziel, dass Dein Gesprächspartner motiviert wird, das Gespräch eine Ebene weiter zu bringen.

Der Elevator Pitch bietet etwas mehr Raum und muss auch mehr leisten. Denn an dieser Stelle entscheidet sich wieder, ob Du ein nettes Gespräch führst oder einen Kontakt anbahnst, der für Euch beide von handfestem Nutzen sein wird.

Ein guter Pitch hat noch eine weitere Wirkung: Er beweist auch Deine Kompetenz als Netzwerker. Das ist für Deine Partner ein interessantes Kriterium, zeigt es doch deutlich, wie die Partnerschaft mit Dir sich für das Netzwerk des Anderen auszahlen kann. Wenn beide Gesprächspartner voneinander überzeugt sind, werden sie ein Kennenlerngespräch vereinbaren.

5. Das Rezept für einen Elevator Pitch

Welche Teile hat der Elevator Pitch? Wofür ist er da und wie sieht er aus? Beim Rührteig kommt zuerst das Mehl. Beim Pitch kommt zuerst der elegante Einstieg. Wie schon beim Power Pitch willst Du zuerst einen Treffer mit voller Punktzahl landen.

I. Der kreative Einstieg

„Hallo, mein Name ist…" gibt Null Punkte. Durchbrich das Muster! Fang anders an, als alle anderen. Starte direkt in die Story! Dafür gibt es viele Möglichkeiten. Viele davon kennst Du vielleicht schon aus meinem ersten Buch. Das hier sind einige davon:

Der Minipitch

Ich helfe [Zielkunde] mit [Angebot], damit [Kundennutzen]

Dies entspricht einer Zusammenfassung von dem, was Andere in 60 Sekunden und mehr erzählen.

Die Metapher

Mit einer ungewöhnlichen, bildhaften Beschreibung sprengst Du den Rahmen des Erwarteten. Wer aus dem Rahmen fällt, erhält

Entscheide Dich hier für eine der vorstehenden
Varianten und notiere Deinen Einstieg!

automatisch mehr Aufmerksamkeit. Sätze wie „Ich bin der Robin Hood der Finanzwelt" sind geeignet, um Bilder im Kopf auszulösen, die ein Eigenleben entwickeln.

Diese Technik ist eng verwandt mit dem Power Pitch. Eine zündende Idee lässt sich sehr gut mehrfach verwenden: Als Aufhänger für Deinen Power Pitch und als starkes Bild für den Einstieg in den Elevator Pitch.

Den Raum nutzen

Diese Technik habe ich erst vor kurzer Zeit neu entwickelt. Ich starte mit dem Satz:

„Dieser Raum ist das beste Beispiel: ..."

Danach zeige ich den Anwesenden, wie allgegenwärtig mein Thema ist. Früher dachte ich, das funktioniert nur für mich als Netzwerktrainer. Doch dann habe ich festgestellt, dass es in vielen Situationen sehr gut funktioniert.

Der Energieoptimierer kann sagen: „Da hängen überall noch alte Leuchtstoffröhren."

Der Finanzberater sagt: „Laut der Statistik hat jeder Fünfte von Euch im Alter zu wenig Rente."

Und der Texter: „Jeder von Euch hat eine großartige Geschichte, aber kaum jemand kann sie fesselnd erzählen."

II. Dein Name und Firmenname

Ja, Dein Name kommt erst NACH dem Einstieg. Genau das macht Dich besonders. Halte diesen Punkt kurz und knapp. Hier erzählst Du keine Geschichte, nennst keine Adresse und trägst auch keinen Schwank aus dem Firmenalltag vor. Sag wer Du bist und geh direkt weiter zu den Themen, die Deinen Gesprächspartner brennend interessieren!

Wie machst Du in kurzen Worten
Dein Angebot klar verständlich?

Was hast Du für Alleinstellungsmerkmale?
Was ist der Kundennutzen Deines Angebots?
Und wer ist Dein Zielkunde?

III. Dein Angebot

Am Anfang wolltest Du verwirren, Fragen aufwerfen und Aufmerksamkeit generieren. Das hast Du mit dem Power Pitch und mit Deinem kreativen Einstieg getan. Deine Gesprächspartner wollen und müssen aber auch begreifen, was Du eigentlich tust. Menschen sind Schubladendenker. Lass Dich jetzt in eine konkrete Schublade einordnen!

Hier ist absolute Klarheit gefragt: Wenn Dein Gegenüber Dich an dieser Stelle nicht richtig versteht, ist die Chance in dieser Begegnung komplett vertan.

IVa. Alleinstellungsmerkmal

IVb. Der Kundennutzen

IVc. Zielkunde

Nachdem Du in einer Schublade liegst, sorgst Du dafür, dass Du darin ganz oben liegst. Du willst der Erste sein, an den Dein Gegenüber denkt, wenn Dein Angebot nachgefragt wird!

Die Reihenfolge der Punkte IVa bis c ist nicht festgelegt. Sie kann je nach Story angepasst werden. Alles was Du über diese Elemente wissen musst findest Du in Kapitel 6.

V. Call to Action – der Handlungsaufruf

Hier ist Deine Chance. Was willst Du und was brauchst Du? Formuliere eine maximal klare Aussage, was Deine Partner für Dich tun sollen! So und nur so hilfst Du ihnen, aktiv zu werden. Mit einem nach allen Regeln der Kunst gestalteten Einstiegsangebot (Kapitel 7) hilfst Du den Anderen, Dir zu helfen.

Du darfst nicht erwarten, dass Deine Partner Deinen Bedarf erraten oder sich aus verklausulierten Hinweisen zusammenreimen, was sie möglicherweise für Dich tun könnten. Was in der Ehe nicht klappt,

Was ist Dein Call to Action?

funktioniert im Business mindestens genauso schlecht. Du willst etwas? Dann sag es! Laut und unmissverständlich!

Was ist Dein Call to Action?

VI. Name und Slogan

Schließlich kannst Du Deinen Pitch noch einmal mit Deinem Namen abrunden. Das ist ein schöner Abschluss und eine wichtige Gedächtnisstütze. Wenn Du einen Slogan hast, dann ist hier der perfekte Platz dafür.

Die siehst: Der Pitch nutzt die Inhalte, die Du Dir in den vorangegangenen Kapiteln erarbeitet hast. Wenn Du bisher noch keinen guten Elevator Pitch zur Verfügung hast, dann ist jetzt der Moment, um dieses wichtige Werkzeug in Form zu bringen.

Das Ergebnis sollte ein zusammenhängender Text sein, der bei normalem Sprechtempo nicht mehr als 60 Sekunden dauern sollte. Nimm das ernst und kürze wo es möglich ist! Mit mehr Zeit riskierst Du Ungeduld bei Deinem Gegenüber.

6. Mein Pitch nach meinem Rezept

Jetzt habe ich sehr viel über das Pitchen gesprochen. Höchste Zeit, mein Rezept selbst konsequent in die Tat umzusetzen. So könnte es klingen, wenn ich einen Elevator Pitch anwende:

Kontext: Auf einer Netzwerkveranstaltung habe ich mich an einen neuen Tisch gesellt. Nach einigen Sätzen fragt mich ein Gesprächspartner mit Blick auf mein Namensschild: „Was bedeutet denn ‚Empfehlungsmillionär‘, Herr Topp?"

Einstieg
„Dieser Raum ist das beste Beispiel. Jeder ist heute Abend hier, weil er Business machen möchte, doch nur ein Fünftel wird heute neue Kontakte kennenlernen, die auch zu Umsatz führen. Genau dabei helfe ich."

Führe jetzt die einzelnen Zutaten
für Deinen Elevator Pitch zusammen!

Name
„Ich bin Roman Topp, Gründer der Business Networking Academy."

Angebot
„Man nennt mich den ‚Empfehlungsmillionär', weil ich mehreren 100 Unternehmern gezeigt habe, wie sie erfolgreicher Netzwerken können, was für sie zu Umsätzen im Millionenbereich geführt hat. Dazu leite ich Kleingruppentrainings im MasterMindClub und gebe VIP Einzeltrainings."

Zielkunden
„Das ist besonders interessant für Unternehmer, die tendenziell menschenscheu sind. Das sind meiner Erfahrung nach IT-Berater, Naturwissenschaftler und Ingenieure."

Kundennutzen
„Denen zeige ich, wie sie daran Spaß haben, neue Menschen kennenzulernen und sich dadurch ein eigenes Netzwerk aufzubauen, dass ihnen dauerhaft Neukunden bringt."

Alleinstellung
„Meine Coachees profitieren nicht nur von meinem Wissen, sondern auch von meinem Netzwerk, denn mit großer Wahrscheinlichkeit habe ich unter meinen Kontakten bereits Kunden für meine Kunden."

Call to Action
„Wenn Sie einen Geschäftsfreund haben, der Sie heute nicht begleiten wollte, dann empfehlen Sie ihm mein Buch „Die Empfehlungsformel" und er wird es Ihnen ewig danken."

Name und Slogan (in meinem Falle dasselbe)

„Wenn Netzwerken, dann Topp vernetzt."

Nun könnte der Dialog weitergehen mit einer Frage wie „Aha, was steht denn in Ihrem Buch?" oder „Mein Datenschutzbeauftragter sucht noch Kunden, doch geht sehr ungern auf Veranstaltungen. Was würden Sie dem denn zum Beispiel raten?" Und schon befinden wir uns auf der nächsten Gesprächsebene und es geht weiter mit Storytelling.

Führe jetzt die einzelnen Zutaten
für Deinen Elevator Pitch zusammen!

7. Die Körperliste

Immer wieder habe ich in meinem Praxistraining die Erfahrung gemacht, dass Teilnehmer sich die einzelnen Punkte ihres Elevator Pitches nur schwer merken können. Dafür gibt es eine einfache Technik.

Sagen wir mal, Deinen eigenen Namen kannst Du Dir merken. Und für einen galanten Einstieg hast Du Dich auch entschieden.

Dann bleiben noch fünf Punkte übrig. Die Reihenfolge dafür hast Du am eigenen Körper.

Dein Angebot hast Du im KOPF.

Dein Alleinstellungsmerkmal hast Du im HERZEN.

Der Kundennutzen ist die Stärke in Deinen ARMEN.

Deinen Zielkunden hast Du zum Fressen gern: BAUCH.

Und der Call to Action ist der nächste Schritt: BEINE.

Gehe Deinen Pitch noch einmal durch und verbinde die einzelnen Teile bewusst mit den entsprechenden Körperpartien! In dieser Trainingseinheit zeige ich auf Körperteile und derjenige, der sich den Pitch vorher nicht merken konnte, kann über diese Zeichen wieder zu seinen Inhalten finden. Es fühlt sich albern an, aber es hilft enorm, beim Pitch vor dem Spiegel tatsächlich die entsprechenden Körperteile zu berühren.

8. Der gekonnte Vortrag

Es empfiehlt sich, Deinen Pitch auswendig zu lernen und vor dem Spiegel und vor wohlmeinenden Zuhörern einzuüben. Das fühlt sich am Anfang oft unbehaglich an. Doch dieses Unbehagen ist eine sehr wertvolle Investition.

Dein Pitch entfaltet seine Wirkung, wenn Du ihn sicher und souverän vortragen kannst. Dafür gibt es zwei Voraussetzungen. Sicherheit entsteht, wenn Du jedes Wort so meinen kannst, wie Du es sagst. Souverän wirst Du mit zunehmender Übung. Wende Deinen Pitch auf jeder Netzwerkveranstaltung fünf Mal an: Nach drei Monaten ist er Dir voraussichtlich in Fleisch und Blut übergegangen und Du wirst Lust bekommen, kreativ zu werden.

Kreativität ist gefragt, weil Netzwerker in der Regel Pitches in mehreren Varianten nutzen. Es gibt einen Favoriten, der sitzt, wie angegossen. Dieser lässt sich in Varianten an Situation und Gesprächspartner anpassen: Je nachdem, ob Du Dich in einer Vorstellungsrunde präsentieren willst oder ob Dein Sitznachbar gerade die berühmte „Was machen Sie denn Schönes"-Frage gestellt hat.

Für regelmäßige Veranstaltungen kannst Du monatlich einen neuen Pitch entwickeln und damit Aufmerksamkeit für ein breiteres Angebot erzeugen. Verschiedene Pitches können je nach Gesprächspartner auch Segmente Deines Angebots darstellen: Einstieg, Standard oder Superpremium.

9. Training macht den Meister

Kannst Du Deine Kerninhalte in sechzig Sekunden so transportieren, dass Deine Zuhörer Lust auf mehr bekommen? Wenn Du Dir nicht ganz sicher bist oder Lust hast, dieses grundlegende Handwerkszeug weiter zu vertiefen, ist ein Elevator-Pitch-Training eine große Chance.

Zeit und Geld für ein Intensiv-Training sind eine hervorragende Investition. Du kannst dabei den eigenen Pitch trainieren und die besten Lösungen von Anderen übernehmen. Außerdem ist ein Elevator-Pitch-Training eine großartige Chance, um in einem Raum voller anderer Unternehmer Dein eigenes Angebot sichtbar zu machen.

10. Der perfekte Pitch für jede Gelegenheit

Die Rolle des Elevator Pitches variiert je nach Situation. Wenn wir ihn vor 30 Leuten im Rahmen einer regelmäßigen Vorstellungsrunde vortragen, hat das einen anderen Stellenwert, als wenn wir ihn als Antwort auf eine interessierte Frage im direkten Gespräch geben. Das ist zum Beispiel eine typische Situation auf Treffen des BVMW.

Ganz besonders im Gespräch Eins zu Eins ist es Dein Ziel, dass man Dich nach Deinem Pitch fragt: „Wie genau muss ich mir das vorstellen?" Der Elevator Pitch wird zum Türöffner für die dritte Stufe in der Begegnung: Das Storytelling.

Denk kurz zurück an das Kapitel, in dem wir über den Zielkunden gesprochen haben. Du hast einen absoluten Lieblingskunden, der Dein primärer Zielkunde ist. Doch je nach Branche, Typ und Stellung Deines Gesprächspartners kann es sinnvoll sein, auch andere Zielkunden ins Gespräch zu bringen.

Genauso hast Du einen primären Elevator Pitch. Mit der Zeit wirst Du nun Erfahrung sammeln und an den Punkt kommen, an dem Du feststellst, dass für diesen neuen Kontakt eine andere Pitch-Variante mehr Erfolg verspricht. Sei es, weil sie einen anderen Zielkunden betont oder eine andere Sparte Deines Geschäfts in den Mittelpunkt rückt, die für Deinen Kontakt noch interessanter ist. So erweiterst Du das Repertoire und hast irgendwann einen zuverlässigen, perfekt sitzenden Pitch für jede Gelegenheit.

In diesem Kapitel hast Du Folgendes gelernt:

1. Das Multitool für den Networker
2. Dreiklang für erfolgreiche Gespräche
3. Starker Einstieg mit dem Power Pitch
4. Anschluss mit dem Elevator Pitch
5. Das Rezept für einen Elevator Pitch
6. So klingt ein Pitch von Roman Topp
7. Die Körperliste
8. Der gekonnte Vortrag
9. Training macht den Meister
10. Ein Pitch für jede Gelegenheit

Mit einem guten Elevator Pitch erhältst Du zuverlässig die Einladung zum weiterführenden Storytelling. Darüber sprechen wir ausführlich im nächsten Kapitel.

STORYTELLING

MIT

GARANTIERTER

WIRKUNG

AVMZKT

Du lernst in diesem Kapitel, Referenzen so zu vermitteln, dass Dein Gesprächspartner in die Geschichte hineingenommen wird. So lernt er Dein Angebot von innen kennen und nimmt persönlich Anteil an Deiner Mission. Dadurch entwickelt sich das Vertrauen, das unverzichtbar ist, um Dein Angebot an eigene Kontakte zu empfehlen.

1. Magische Geschichten vom erfolgreichen Scheitern

Ich lerne gern von den Besten. Je mehr ich erreiche, umso mehr kann ich jedes Jahr in Seminare und Coachings investieren. Dabei habe ich ein Muster bemerkt, das mir anfangs komisch vorkam: Je wertvoller das Seminar, desto krasser die Geschichte von Versagen und Scheitern, die der Redner auf der Bühne zur Begrüßung zum Besten gibt.

Der Höhepunkt war Making the Stage in Phuket. Dieses Seminar kostet 12.000 Dollar und ist jeden Cent davon wert. Der Veranstalter ist T. Harv Eker, Autor von „So denken Millionäre". Der erzählt als Einstieg davon, wie er vor ein paar Jahren noch in seinem Auto gewohnt hat. Vom Obdachlosen zu einem der besten Businesstrainer weltweit. Das ist ein starker Einstieg.

Das Verrückte daran: So gewinnt er auf einen Schlag das Vertrauen, die Sympathie und die ungeteilte Aufmerksamkeit jedes Einzelnen im Publikum. Die Geschichte hat eine unglaublich einfache Botschaft: „Ich bin einer von Euch. Ich habs geschafft. Ihr könnt das auch." Harv Eker trifft damit genau ins Schwarze und nimmt jeden Zuhörer mit auf die Reise die nun folgt.

Scheitern alleine reicht noch nicht

Aber nur scheitern und irgendwie darüber reden funktioniert noch nicht. Ich hab das ja auch durch. Meine persönlichen Ganz-Unten-Momente: Der Tag, an dem ich festgestellt habe, dass Vertrieb mein Ding ist – ein Platz, an dem ich endlich angekommen schien – als der Kaufinteressent mich plötzlich dermaßen angebrüllt hat, dass ich keinen Telefonhörer mehr halten konnte. Als ich später erkannt habe, dass Kaltakquise am Telefon die eine Sache ist, die ich wirklich sehr gut kann – und im gleichen Moment begriffen habe, dass sie mich krank macht und dass ich nie wieder etwas damit zu tun haben will.

 Ich habe es anfangs aber einfach nicht hinbekommen, diese Story auch so spannend zu erzählen, wie sie eigentlich war. Zu lang, zu langweilig, oder zu überheblich: Ich habe mich auf die Bühne gestellt und gesagt, dass ich der Größte bin. Aber außer mir selbst hat mir das damals keiner geglaubt.

Das hat erst funktioniert, nachdem ich die Techniken dafür gelernt habe. Inzwischen kann ich von der Bühne aus auf Augenhöhe mit meinen Zuhörern sprechen, mit Stories Empathie und Sympathie auslösen. Genauso tue ich das in Kennlern- und Kooperationsgesprächen.

Storytelling ist ein machtvolles Werkzeug, das immer dann zum Einsatz kommen kann, wenn Dich jemand fragt: „Und was machen Sie Schönes?" Ich hab von den Besten der Besten gelernt, wie wir eine Story aufbauen können, damit die Magie ihre Wirkung voll entfaltet. Darum geht es in diesem Kapitel.

2. Werde zum Geschichtenerzähler!

Der Begriff Storytelling hat eine grandiose Karriere gemacht. Je nach Kontext denken wir an den alten Mann mit weißem Bart, der auf dem Marktplatz uralten Geschichten Leben einhaucht. An die grandiosen TV-Werbespots, mit denen Jung von Matt sich die Lorbeeren verdient hat. An Medienereignisse wie die Snowfall-Reportage der New York Times. Oder an Geschichten, die Epochen geprägt haben, so wie Hamlet oder Star Wars.

In all diesen Geschichten wirkt die gleiche Magie, mit der auch die Story von T. Harv Eker als Obdachloser fasziniert. Genau das kannst Du auch. Ich behaupte sogar, dass Du es schon oft getan hast. Storytelling geschieht immer, wenn ein Erzähler seine Zuhörer in eine Welt mitnimmt, die anders unerreichbar wäre. Du tust es jedes Mal, wenn Du jemandem erzählst, welche Geschichte hinter Deinem Unternehmen steht.

Pitches, Stories, Klappentexte

Du weißt schon, dass sich bei der Anbahnung eines neuen Kontakts jede Begegnung in drei Stufen einteilen lässt. Am Anfang steht der Power-Pitch: Extrem verdichtet und reduziert. Die zweite Stufe ist der Elevator Pitch: Die taktisch kurze Antwort auf die Frage „Was machen Sie denn Schönes?" und eins der wichtigsten Werkzeuge für jeden Netzwerker.

Ein guter Elevator Pitch beinhaltet schon die wichtigsten Grundelemente einer Story und hat sogar seinen eigenen Spannungsbogen. Aber zum eigentlichen Storytelling verhält sich der Elevator Pitch so, wie der Klappentext zum Buch. Ein schöner Vergleich, wenn Du überlegst, wie viele Bücher nie gelesen würden, wenn nicht einige Neugierige beim kurzen Schmökern auf dem Buchrücken schon das erste Suchtpotential gespürt hätten.

3. Deine besten Referenzen im Rampenlicht

Die Situation, in der Du mit Storytelling am besten punkten kannst, ist das Kennlerngespräch. Wie ein Klappentext macht ein gelungener Pitch neugierig auf mehr. So bekommst Du die Einladung, Deine wertvollsten Referenzen und Deine besten Geschichten ins Rampenlicht zu stellen. Ob aus einem Gesprächspartner auch ein Kunde oder Empfehlungsgeber wird, entscheidet zu großen Teilen die Qualität Deines Storytellings.

Jetzt gehen wir noch einen Schritt weiter. Denn wenn wir über Empfehlungen sprechen, bist Du es meistens nicht selbst, der Interessenten mit Storys und Referenzen neugierig machen will. Deine Partner tun es für Dich, so wie Du es bei Deinen Kontakten für sie tust.

Deine Kunden und Partner können die Geschichten nutzen, die sie mit Dir erlebt haben, um für Dich mehr Empfehlungen zu erreichen. Genauso kannst Du aus der anderen Perspektive Storytelling zum Nutzen Deiner Partner anwenden. Der beste Lehrer für diesen speziellen Zweck ist derjenige, der mit einer Geschichte empfohlen werden soll.

Diese Basics musst Du haben

Wenn Partner für Dich aktiv werden und ihren Kontakten von Dir erzählen, hast du viel erreicht. Das bedeutet, dass Du die Inhalte der bisherigen Kapitel effektiv angewendet hast. Allerdings hast Du nichts gewonnen, wenn Dein Partner bei dem Versuch, Dein Angebot wirksam zu beschreiben, nur um den heißen Brei herumredet und bei dem möglichen Interessenten nur ein verwirrtes Stirnrunzeln auslöst.

PiGeiLeons helfen und trainieren sich gegenseitig und machen sich damit zu besseren Empfehlungsgebern. Zwei einfache Basics reichen aus, um Deinen Partnern die richtigen Worte in den Mund zu legen.

Wie kam ich zu meinem Beruf?

Erinnere Dich an Kapitel 5, in dem wir über Deine Mission gesprochen haben: Dein persönliches Warum, der Grund weshalb Du tust, was Du tust. Das ist bei jedem Menschen, der wirklich seiner Berufung folgt, ein hervorragender Ansatzpunkt, um den Wert seiner Leistungen überzeugend sichtbar zu machen.

Es ist schön, wenn Du das für Dich ganz genau vor Augen hast und klar kommunizieren kannst. Aber im Empfehlungsgespräch bist Du leider nicht dabei. Sorge also dafür, dass Deine wichtigsten Empfehlungsgeber diese Geschichte genauso packend und in allen Details stimmig erzählen, wie Du selbst es tun würdest! Dann steht ihnen dieses wertvolle Werkzeug zur Verfügung, um bei Deinen Zielkunden zuverlässig Interesse an Deinem Angebot zu wecken.

Wie schon angedeutet gehört zu den Basics für wirksames Storytelling mindestens eine überzeugende Referenz. Am naheliegendsten ist dazu die persönliche Erfahrung Deines Empfehlungsgebers.

Nun könnte Dein Kunde einfach erzählen, dass alles ganz toll gelaufen ist und er Dich deshalb wärmstens empfehlen kann. Aber hier fehlt der eigentliche Inhalt, der diese Referenz zu einer überzeugenden Geschichte macht. Wieder bist Du selbst derjenige, der diesen Inhalt am besten liefern kann. Trainiere Deinen Kunden, damit er Eure gemeinsame Geschichte so erzählt, dass der Kundennutzen perfekt in Szene gesetzt wird!

4. Erzähler sind die besten Partygäste

Auf jeder Party gibt es mindestens einen, der es einfach drauf hat, Geschichten zu erzählen. Sicher kennst du diesen Typ Mensch, der so eine natürliche Gravitation mitbringt und unweigerlich einen Kreis von Zuhörern um sich versammelt. Die Leute stehen im Halbkreis, lachen und nicken, kommentieren und nehmen Anteil. Und vor allem fühlen sie sich wohl, während sie dem Erzähler auf die unwahrscheinlichsten Pfade folgen.

Ich kann gar nicht zählen, wie oft ich auf meinen Partys die Geschichte vom roten Sofa erzählen musste. Oder wie ich um Haaresbreite den Unfall in Mexiko überlebt habe. Keine Deko ist so wirkungsvoll, wie eine Gruppe von Leuten, die sich großartig unterhalten fühlen.

Deswegen werden Leute, die gut erzählen können, immer wieder auf Partys eingeladen. Allein damit hat dieses Kapitel schon einen großartigen Mehrwert. Der geübte Geschichtenerzähler erhält einen Sympathiebonus, der in einem geschäftlichen Kennlerngespräch extrem wertvoll ist.

Drei Geschichten für ein ganzes Leben

Wer öfter auf Topps Terrassen zu Gast ist, hat die Sofa-Story, die Mexiko-Geschichte und einige andere sicher schon mehr als einmal gehört. Wahrscheinlich immer wieder mit etwas abgewandelten Einzelheiten und jedes Mal ein bisschen größer. Geschichten haben das so an sich: Sie wachsen mit der Zeit. Und selbst, wenn ich manche Story zum zehnten Mal erzähle, ist der Spaß immer noch der gleiche.

Ein Geheimnis vieler Erzähler ist, dass sie viel weniger Episoden im Repertoire haben, als es scheint. Dafür steckt in jeder davon das ganze Leben. Der Erzähler kennt und spürt jedes Detail und sieht jedes Bild greifbar vor sich.

Gutes Storytelling zeichnet sich dadurch aus, dass nicht nur die Zuhörer tief in die Geschichte eintauchen. Der Erzähler ist selbst schon drin und holt sein Publikum herein. Er ist mitten drin im Geschehen und kann Wörter, Bilder und Emotionen aus der Tiefe des Erlebens schöpfen.

Für unser Storytelling beim Netzwerken können wir es genauso handhaben. Du brauchst nur einen überschaubaren Vorrat an Referenzen. Aber die kennst Du in- und auswendig. Du weißt genau auf welche Details es ankommt und servierst alle Pointen, Höhepunkte und Spannungsmomente mit Bravour.

5. Wörter sind die Spitze des Eisbergs

Ähnlich wie bei einem guten Buch spielen weder die harten Fakten, noch der Plot und die Handlung allein die Hauptrolle. Wörter sind die Spitze des Eisbergs. Referenzen und Erfolge, Leistungsdaten und

Peter, der Textspezialist, hat viele zufriedene Kunden. Die sind gern dabei, wenn er sie um Referenzen bittet. Allerdings klafft in der Regel ein großer Abgrund zwischen der Bereitschaft und der Übung in der Ausführung. Typische Reaktionen lauten ungefähr so:

„Ja, natürlich geb ich Dir gern eine Referenz. Aber was soll ich denn da sagen?""

Das gleiche Problem tritt auf, wenn jemand versucht, Peter an einen Zielkunden zu empfehlen. So klang die Story vor dem Training:

„Ja, der macht das wirklich ganz toll. Also, richtig gute Texte.
Ich bin voll zufrieden."

Intention: Super. Mehrwert: Ausbaufähig. Nun trainiert Peter seine Lieblingskunden. In diesem Fall mit der Fünf-Schritt-Technik.

„Na schau mal: Wie war denn beim letzten Auftrag die Situation?
Du hast eine Broschüre für den Messeauftritt mit eurer
neuen Produktreihe gebraucht, richtig?""

„Richtig."

„Also habt ihr erst mal drauf los geschrieben, richtig?"

„Richtig."

„Und was ist dabei rausgekommen?"

„Na nur Mist! Wir haben total die Struktur verloren,
den Wald vor lauter Bäumen nicht mehr gesehen
und am Ende hatten wir keine Ahnung mehr, was wir eigentlich sagen wollten.
Und wir haben dauernd über einzelne Wörter gestritten."

„Und was habt ihr dann gemacht?"

„Naja, zuerst haben wir da mal den Praktikanten rangesetzt.
Der sollte Ordnung in das Chaos bringen."

„Mit welchem Ergebnis?"

„Der arme Kerl. Der war schon nach einer Woche völlig frustriert.

Und der Messetermin kam ja auch immer näher.
Da hab ich echt schlecht geschlafen in der Woche."
„Dann hast du die Empfehlung bekommen, mich anzurufen.
Wir haben uns für eine Zusammenarbeit entschieden.
Und was war das Ergebnis?"

„Ja, das Ergebnis war ein großartiges Material,
das unsere Zielkunden genau am richtigen Platz abholt
und voll mitnimmt. Du hast genau die Fragen gestellt, auf die wir nicht
gekommen sind, und von Anfang an den roten Faden gefunden. Wir haben am
Ende eine Menge Zeit gespart und waren für die Messe optimal vorbereitet.
Unsere Vertriebler benutzen Deine Texte für die Vorbereitung
auf Kundengespräche. Außerdem sind sie jetzt auch die perfekte
Grundlage für die Gestaltung der neuen Homepage."

„Ja super! Euer Vertrieb benutzt das Material auch?
Das wusste ich noch gar nicht. Diese Geschichte ist genau
die Referenz, die ich mir von Dir wünsche. Wenn Du mich
bei jemandem empfehlen willst, erzähl diese fünf Schritte
in genau dieser Reihenfolge: Mit Deinen eigenen Worten,
so wie Du es erlebt hast. Lass uns doch gleich kurz probieren, wie das klingt!"

Damit hatte Peters Netzwerkpartner eine hervorragende Referenzgeschichte zur
Verfügung, die er in jeder Begegnung mit Peters Zielkunden anwenden konnte. Im
Anschluss konnten sie das Gleiche dann auch gleich noch in die andere Richtung machen.

Lösungswege sind unverzichtbare Darsteller des Dramas. Aber die eigentliche Geschichte ist viel größer.

Mit Deinem Storytelling willst Du überzeugen, Vertrauen gewinnen und eine sich anbahnende Beziehung stärken. Die Frage, ob Du in den Augen Deines Gesprächspartners ein wertvoller und wünschenswerter Netzwerkpartner wirst, beantwortet sich tief unter der Oberfläche. Ihre Wirkung erzielen Geschichten auf der Ebene des Gefühls.

Köpfe und Bäuche

Inspirieren, begeistern, überzeugen und mitnehmen: Das passiert zuerst im Bauch und steigt uns von dort aus in den Kopf. Sonst könnte Harv Eker auch damit einsteigen, um wie viel Prozent sich zentrale Unternehmenskennzahlen günstig entwickeln, wenn diese und jene Strategie Anwendung findet. Tut er aber nicht. Es stimmt zwar, aber ein Gespräch funktioniert so nicht.

Auch die Entscheidungen für oder gegen die Hilfe für einen Netzwerkpartner treffen wir zuerst aus dem Bauch, erst danach aus Kalkül. Storytelling ist das beste Instrument, um dieses sensible Organ behutsam und effektiv anzusprechen.

6. Die besten Geschichten sind wahr

Gute Geschichten haben vor allem eins gemeinsam: Sie sind wahr. Damit haben sie einen gewaltigen Vorteil gegenüber geschickter Manipulation und cleveren Marketing-Botschaften. Nichts ist so mühsam, wie dem Anderen etwas vorzumachen. Zum Glück hast Du dazu überhaupt keinen Grund. Denn Du kannst Deinem Gesprächspartner klar und einfach zeigen, was Sache ist: Deine Mission, Dein Angebot, der Nutzen für Deinen Zielkunden und wie Du die Welt für ihn ein kleines bisschen besser machst.

Weil Du die Geschichte erzählst, an die Du selbst glaubst und zu der Du immer wieder zurückkehren kannst, wirkst Du ehrlich, entspannt und ganz bei Dir. Wenn Du ins Straucheln kommst, kannst Du einfach in Dich gehen und an Deine zentralen Erfahrungen, Werte und Überzeugungen anknüpfen. Das spürt der erfahrene Zuhörer und belohnt Dich mit seinem Vertrauen.

Guter Stoff für gute Stories

Jetzt bist du dran. Zeit, deine Geschichte zu erzählen. Es stellt sich also die Frage: Woher nehme ich den Stoff für gutes Storytelling? Dafür erinnere ich Dich zuerst an Kapitel 4: Was ist Dein Warum? Warum stehst Du hier und nirgendwo anders? Was ist Deine Mission?

Das sind die Dinge, die auch Deine neuen Traumkunden hören wollen. Du darfst davon ausgehen, dass alles, was Dir an Deinem Angebot besonders wichtig ist, auch bei Deinem Zielkunden Interesse auslöst. Nutze diese gemeinsamen Interessen, um gezielt Eure Beziehung zu stärken!

Hier noch eine Reihe von Fragen, die Dir bei der Suche nach geeignetem Erzählmaterial helfen können:

Wer sind Deine besten Kunden?

Wie bist Du zu Deinem Beruf und zu Deiner Berufung gekommen?

Welche Momente sind Deinen Lieblingskunden besonders in Erinnerung geblieben?

Was heben Kunden als Referenz für Deine Leistung besonders hervor?

Was macht Dir den größten Spaß, wenn Du den Bedarf Deiner Kunden erfüllst?

Welche Details fallen Dir ein, wenn Du an besonders schöne und spannende Situationen in Deinem Unternehmen denkst?

Welche Emotionen verbindest Du damit?

Was in Dir Leidenschaft auslöst, kann das auch bei Anderen.

Such, was funkelt, und geh diesen Spuren nach. Dort fangen die besten Geschichten an. Du kannst das alleine für Dich tun oder im Gespräch mit vertrauten Menschen. Ein Abend mit beruflichen Weggefährten, Mitarbeitern und Partnern kann der perfekte Rahmen sein, um die Storys zu finden, mit denen Du neue Kontakte begeisterst.

Ohne Fakten geht natürlich nichts. Schließlich machen wir hartes Business. Wenn Du entschieden hast, mit welchen Geschichten jemand Dein Unternehmen kennen lernen soll, kannst Du überprüfen, welche Fakten Du in dieser Geschichte zentral positionieren willst.

Mindestens im Ansatz soll Deine Erzählung alles transportieren, was du auch von Deinem Gegenüber wissen willst:

Wer bist Du und was ist Deine Mission?

Was ist Dein Angebot?

Wer ist Dein Lieblingskunde?

Und ganz zentral: Was ist der Kundennutzen und der USP?

Wie Du siehst, haben wir uns mit vielen Bereichen, aus denen der Stoff für Dein Business-Storytelling kommt, schon intensiv beschäftigt. Die Liste sollte Dir aus dem Kapitel zum Elevator Pitch bekannt vorkommen. Aus einem guten Pitch lässt sich eine Referenzgeschichte in vielen Fällen einfach ableiten, indem die einzelnen Punkte ausgebaut und mit Details angereichert werden.

7. Wie bau ich mir ein Drama?

Auch eine kurze Geschichte braucht eine Struktur. Dafür gibt es ein Rezept, das über den Lauf der Kulturgeschichte immer wieder zum Einsatz kommt. Schon die alten Mythen und die klassischen Dramen haben ein gemeinsames Drehbuch. Es besteht aus Meilensteinen und Schwerpunkten, die Dir helfen, nicht ins Schwadronieren abzugleiten, sondern mit jedem Satz gezielt auf den Punkt zu kommen.

Exposition: Setting, Personen, Konflikt

Steigerung: Der Konflikt nimmt Form an

Wendepunkt: beinahe Lösung oder beinahe Katastrophe

retardierendes Moment: es wird doch nochmal spannend

Ende: Im klassischen Drama eine Katastrophe, in unseren Storys eher ein Happy End

Ein funktionierender Spannungsbogen beginnt bei einer Ausgangslage, in der wir auch den Helden kennenlernen, in dessen Haut wir als Zuhörer schlüpfen. Dieser bekommt jetzt ein Problem und macht sich daraufhin auf, eine Lösung zu finden. Dabei scheitert er zuerst, dann schafft er es beinah. Wir erzählen keine Tragödie, denn Dein Angebot hilft entscheidend, die Katastrophe abzuwenden. Nach den letzten, unerwarteten Schwierigkeiten kommen wir deswegen zur glücklichen Lösung.

Diese Elemente tauchen in jeder funktionierenden Geschichte auf. Sie können unterschiedlich stark ausgebaut werden. Mal nur ein halber Satz, dann wieder eine ausschweifende Darstellung mit vielen Details. Versuche, in Deinen Lieblingserzählungen diese Stationen genau zuzuordnen und in die richtige Reihenfolge zu bringen. Wenn Dir eine Zutat fehlt, wirst Du sie auf diese Weise leicht identifizieren.

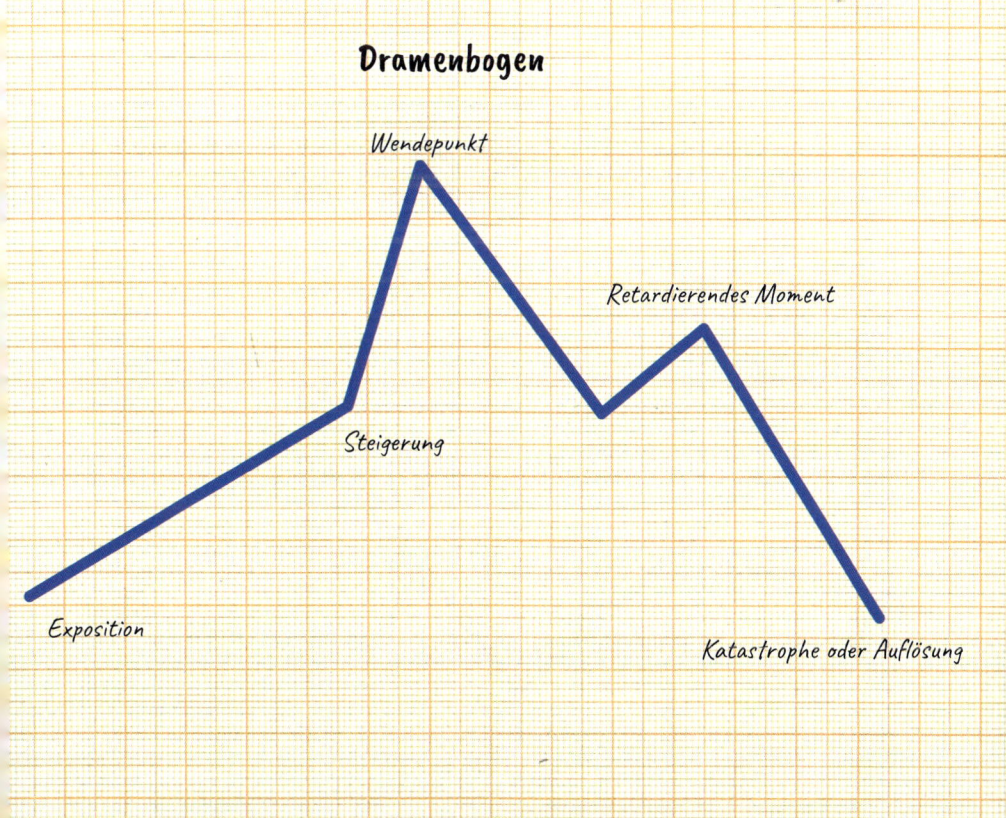

8.Dreischritt, Vierschritt, Fünfschritt

Das etwas sperrige Dramenschema lässt sich unterschiedlich anwenden und für unsere Zwecke flexibel nutzbar machen. Viele der besten Geschichten, die ich gehört habe, lassen sich gut in Dreischritt, Vierschritt und Fünfschritt einteilen.

Dreischritt: Meine Geschichte in drei Akten

Alles war so.

Bis zu diesem Tag.

Aber dann...

Die Geschichte führt erst nach unten und kommt an einem Tiefpunkt an. Der ist wichtig, denn hier entsteht der dringende Wunsch, dass sich etwas ändern muss. Von dort aus nimmt die Geschichte Anlauf und steigt weit auf zu einer strahlenden Auflösung. Ein tolles Beispiel ist meine eigene Geschichte in ihrer kürzesten Form:

Ich habe einfach meinen Job gemacht und mich wohl gefühlt. Das Leben war schön.

Bis zu diesem Tag: Da wurde ich aus heiterem Himmel so angebrüllt, dass ich völlig am Boden war. Plötzlich konnte ich keinen Anruf mehr führen.

Aber erst dadurch habe ich herausgefunden, wofür ich wirklich gemacht bin!

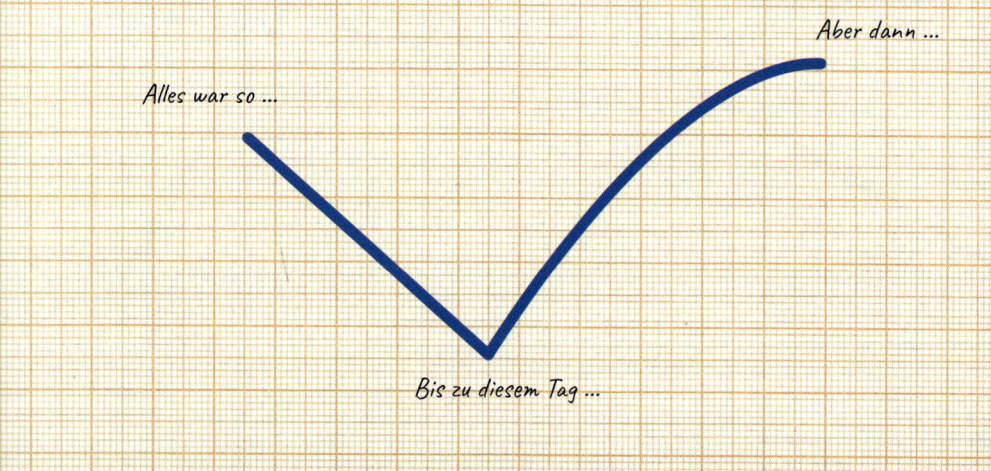

Vierschritt: Apple und der Weg in die Zukunft

Heute ist es so.
Aber was wäre wenn?
Aber noch ist es so.
Aber bald könnte sich das ändern!

Diese Geschichte bewegt sich ständig auf und ab. Allerdings beschreibt sie dabei auch einen ständigen Aufstieg hin zu dem Ziel, das eigentlich ins Rampenlicht gestellt werden soll. Das Paradebeispiel ist Steve Jobs mit der Ankündigung des ersten iPhones.

Heute könnt ihr mit Handys telefonieren.

Aber was wäre, wenn wir Telefon, Email und Kamera in einem Gerät in der Hand hätten?

Aber noch sind Telefone groß wie Backsteine und schwer wie Blei.

Aber schon bald wird sich das ein für alle Mal ändern!

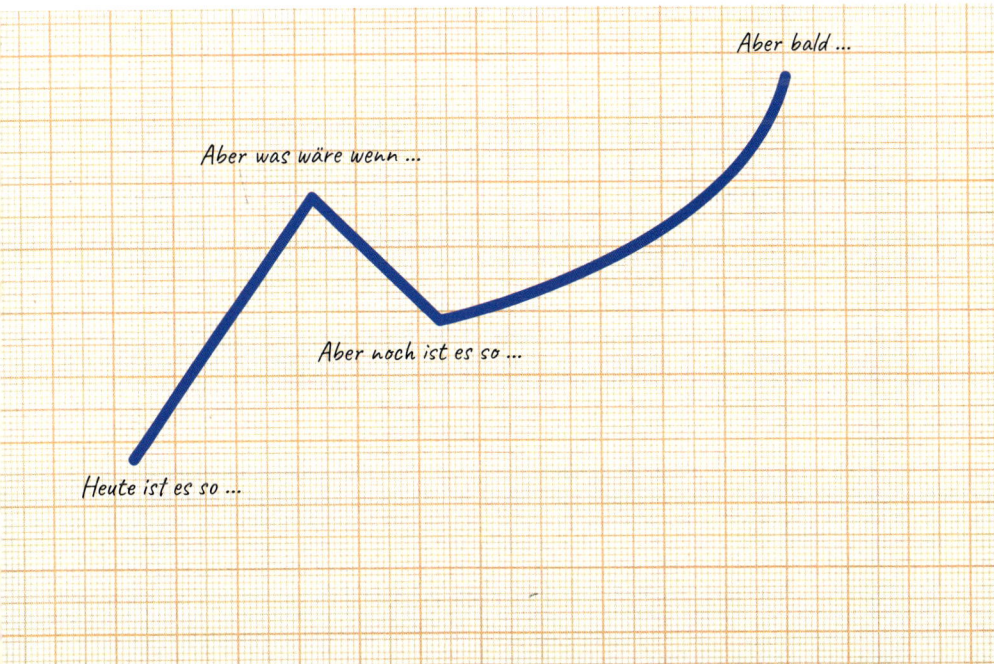

Fünfschritt: Aus Fehlern gelernt

Wunsch
falscher Weg
Misserfolg
richtiger Weg
Erfolg

Diese Geschichte bildet eins zu eins den klassischen Dramenbogen und das mythische Prinzip der Heldenreise ab. Achte darauf, ausgiebig in Versagen und Misserfolg zu schwelgen. Damit entsteht der Kontrast, der die Lösung umso mehr strahlen lässt.

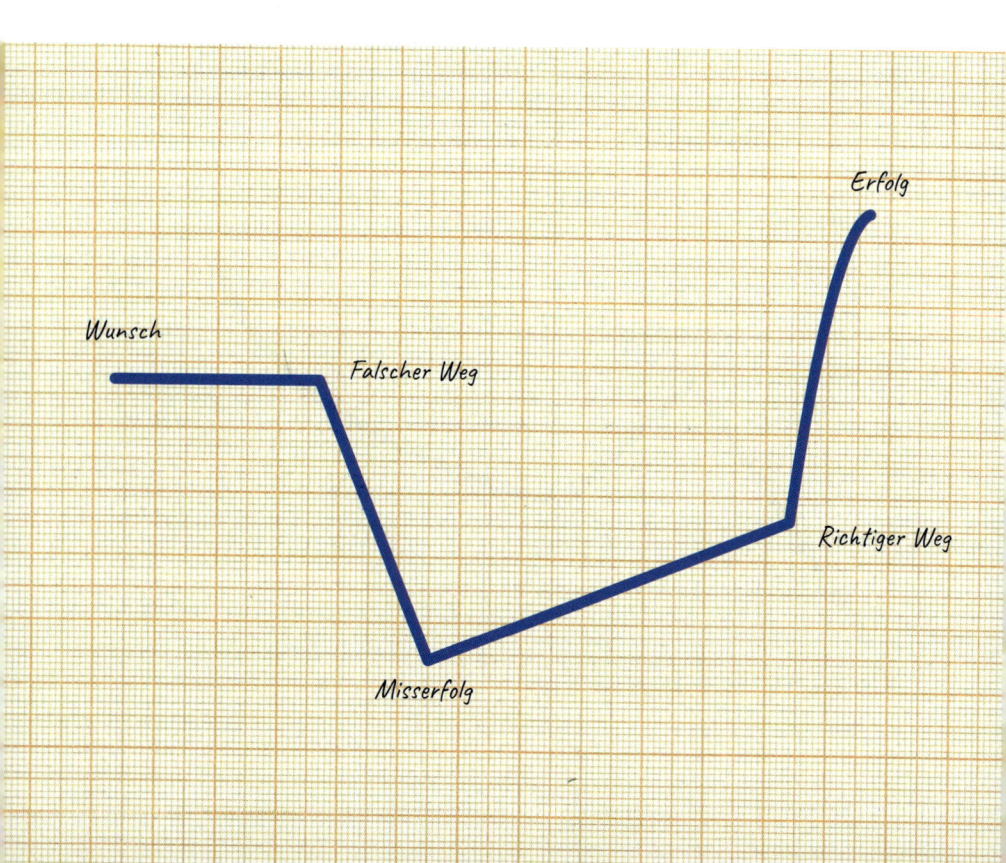

Ein schönes Beispiel ist mein eigenes:

Ich hatte keine Lust mehr auf Kaltakquise.

Also habe ich das Telefonieren an ein gutes Outbound-Callcenter übergeben. So konnte ich mich nur noch um Beratung und Abschlüsse kümmern.

Doch Callcenter werden nicht für Abschlüsse bezahlt, sondern für Anrufe oder bestenfalls für Termine. Also habe ich mir wochenlang den Tank leer gefahren für Gespräche mit Geschäftsführern, die nur ein müdes Interesse an meinen Produkten hatten.

Dann habe ich das Business-Netzwerken für mich entdeckt. Ich jage keine Kunden mehr. Meine Empfehlungspartner informieren mich, wenn jemand echten Bedarf für meine Produkte hat.

Schon seit vier Jahren habe ich keine Akquise mehr gemacht. Meine Kunden kommen über Empfehlung von selbst zu mir. Ich spare Kosten, Kraft und Nerven und habe viel Zeit, um mich auf das zu konzentrieren, was ich wirklich gut und wirklich gerne mache.

9. Bereit für die Bühne

Nun bist Du so gut wie bereit für den großen Auftritt. Nimm dazu noch Impulse zum Stil und zum Vortrag mit, bevor du raus auf die Bühne gehst!

Erlaube Dir Liebe zum Detail: Versetz dich in die Situation, schau aus den Augen Deines Lieblingskunden und schildere aus seiner Sicht, was die Referenz zu einem einmaligen, erzählenswerten Erlebnis macht.

Nimm Deinen Zuhörer mit und lass ihn am Erlebnis teilhaben. Rhetorische Pausen schaffen nicht nur Dramatik. Sie helfen Deinen Zuhörern auch, der Erzählung emotional eng zu folgen.

Von der Referenz zur Story:

Beantworte mindestens drei der Fragen auf Seite 291 schriftlich.

Führe die Antworten nun zu einem kurzen Text zusammen.

Wähle ein passendes Erzählmuster aus (Dreischritt, Vierschritt, Fünfschritt) und markiere in Deiner Story die entsprechenden Meilensteine und Wendepunkte!

Erzähle von der Gegenwart! Die Vergangenheit ist nicht aktuell, die Zukunft nicht verlässlich. Wenn Du von einer zurückliegenden Begebenheit berichtest, tust Du das im Perfekt, nicht im Präteritum. Damit hast du geschickt die Verbindung zum Jetzt gehalten. Drücke alles, was zeitlos gültig ist, immer im Präsens aus und halte Dich, wann immer es möglich ist, in der Gegenwart auf.

Spiel bewusst mit dem Stimmeinsatz. Nimm am Ende des Satzes die Stimme runter. Das wirkt souverän und sicher. Nimmst du stattdessen die Stimme nach oben, klingt auch eine Aussage wie eine Frage. So lassen sich Cliffhanger markieren, für die Dein Zuhörer unbedingt eine Auflösung will. Profis nehmen ihre Stimme regelmäßig auf und hören sich selbst zu. Damit kannst Du den rhetorischen Einsatz Deiner Stimme schulen, bis Du die wichtigsten Mittel souverän und natürlich im Gespräch anwenden kannst.

10. Reden will gelernt sein

Du hast jetzt die notwendige Ausrüstung zur Verfügung, um aus Deiner Mission und Deinem Angebot spannende Geschichten zu machen. Du weißt, wie Du sie so aufbauen kannst, dass Du Zuhörer damit fesseln und ihr Vertrauen gewinnen kannst. Außerdem hast Du wertvolle IIinweise bekommen, um Deine Bühnenpräsenz zu entwickeln.

Der hochkarätige Umgang mit Sprache ist nicht jedermanns Steckenpferd. Nicht umsonst ist der Beruf des Geschichtenerzählers in alten Zeiten so unverzichtbar gewesen, wie heute der des Journalisten, Schriftstellers oder Profitexters. Du bleibst immer bei den gleichen Fragen stecken und drehst Dich in Formulierungen im Kreis? Den Profi erkennst du daran, dass er weiß, was er nicht können muss. Mach es wie ich und lass Dich coachen!

Für den Aufbau Deiner Stories und Referenzen ist das ebenso hilfreich, wie für die Kunst, sie Auge in Auge an die Frau oder den Mann zu bringen. Angebote dafür findest Du bei Rhetorik-Schulungen oder in Gruppen wie den Toastmasters. Das Elevator Pitch-Seminar gibt Dir wertvolle Basics auf den Weg, die sich für das anschließende Storytelling ausbauen lassen. Oder Du gehst gleich aufs Ganze und suchst Dir einen kompetenten Trainer!

In diesem Kapitel hast du Folgendes gelernt:

1. Magische Geschichten vom erfolgreichen Scheitern
2. Werde zum Geschichtenerzähler
3. Deine besten Referenzen im Rampenlicht
4. Erzähler sind die besten Partygäste
5. Wörter sind die Spitze des Eisbergs
6. Die besten Geschichten sind wahr
7. Wie bau ich mir ein Drama?
8. Dreischritt, Vierschritt, Fünfschritt
9. Bereit für die Bühne
10. Reden will gelernt sein

Du hast nun alle Instrumente in der Hand, um erfolgreich Empfehlungen zu generieren. Allerdings ist eine Empfehlung allein noch kein Umsatz. Jetzt lass uns im letzten Kapitel souverän die letzten verbleibenden Schritte gehen, um aus einer Empfehlung auch einen erfolgreichen Abschluss zu machen!

DER
ERFOLGREICHE
ABSCHLUSS

Eine Empfehlung ist gut, aber sie erzeugt noch keinen Umsatz. In diesem Kapitel wirst Du die Techniken kennenlernen, die ich verwende, um Empfehlungen in unterschriebene Verträge zu verwandeln.

Wir befinden uns in der letzten Phase des Empfehlungsprozesses. Du hast eine Empfehlung von einem Netzwerkpartner bekommen und triffst Dich mit einem Interessenten, der Dich schon erwartet. Es gibt einen guten Grund, weshalb er Dein Kunde werden will. Sonst wäre es nicht zur Empfehlung gekommen. Aber was kannst Du tun, damit aus einem guten Grund eine verbindliche Unterschrift wird?

Hier fließt alles zusammen, was wir in der Vorbereitung aufgebaut haben. Jeder Teil Deiner Netzwerkkompetenz spielt noch einmal eine wichtige Rolle. Verlierst Du im letzten Moment den Kurs und fährst kurz vor der Küste in voller Fahrt auf ein Riff? Oder hast Du das Ziel fest vor Augen und bringst das Schiff sicher und souverän in den Hafen?

1. Informiere Dich und nutze den Heimvorteil

Die besten Chancen auf einen erfolgreichen Abschluss hast Du, wenn Du das Verhalten und die Gesprächsführung auf den Typ des Kunden einstellst. Partnerschaftliche Beziehung oder Daten und Fakten? Schnelle Ergebnisse oder gemeinsames Erleben? Über welchen Kanal Du am besten Deine Botschaften sendest, hängt davon ab, was bei Deinem Gegenüber am besten ankommt.

Hast Du vom Empfehlungsgeber alle Informationen bekommen, die Du brauchst, um die Empfehlung erfolgreich abschließen zu können? Bedenke, dass nicht jeder Empfehlungsgeber ausgiebig trainiert ist und genau weiß, worauf es dabei ankommt!

Die Menschentypen, die wir in Kapitel 7 beschrieben haben, spielen im Gespräch mit potentiellen Kunden eine besonders große Rolle. Wenn Dein Partner Dich über den Typ des Kunden klar instruiert hat und Du mit den nötigen Fragen alle Informationslücken geschlossen hast, kann Du diesen Vorteil jetzt effektiv nutzen.

Heimspiel oder Auswärtssieg

Wo ein Treffen stattfindet, kann entscheidend sein. Die Statistik ist nicht nur im Fußball bei Heimspielen deutlich besser. Die besten Erfahrungen mit Kundengesprächen mache ich in meinen eigenen Räumen. Es ist nicht immer möglich, den Kunden zu Dir einzuladen, aber es lohnt sich, den Heimvorteil zu suchen.

Die vertraute Umgebung hilft, die eigenen Inhalte souverän und überzeugend zu transportieren. Auch die Rolle des Gastgebers stärkt Deine Position erheblich. Der Hauptgrund für die Wahl des heimischen Spielfelds ist aber ein anderer: Wenn Dein Gegenüber sich zu Dir auf den Weg macht, investiert er wertvolle Zeit. Das ist ein Zeichen dafür, dass sein Interesse belastbar ist. Und es bestärkt ihn in seinem Entschluss und seiner Offenheit gegenüber Deinem Angebot. Je mehr jemand investiert hat, desto geringer ist die Wahrscheinlichkeit, dass er abbricht und zurückrudert.

2. Erfolg beginnt beim Aufstehen

Die positive Einstellung und die klare Visualisierung Deiner Ziele gehörten zu den ersten Schritten auf dem Weg zu Deinen Netzwerkerfolgen. Jetzt bist Du fast am Ziel. Und dieselben Grundlagen helfen Dir dabei, auch den letzten Schritt erfolgreich zu gehen.

Die Visualisierung der naheliegenden Ziele gehört zur Tagesroutine. Führe Dir schon früh am Morgen, gleich nach dem Aufwachen, deutlich vor Augen, wie Du an diesem Tag den Abschluss erreichen wirst. So erzeugst Du eine starke, innere Einstellung, die den Erfolg möglich und wahrscheinlich macht.

Geh dabei alle Eventualitäten durch: Welche Gegenargumente könnte der Gesprächspartner vorbringen? Was ist die beste Antwort darauf? Schon morgens im Bett kannst Du durch eine gründliche Gesprächsvorbereitung die Weichen auf Erfolg stellen.

3. Strahlen und strahlen lassen

Das Gespräch beginnt mit der Begrüßung. Hier kannst Du schon wichtige Weichen stellen. Vergleiche die zwei Aussagen:

„Schön, dass Sie sich heute ein bisschen Zeit für mich genommen haben."

„Schön, dass wir heute hier zusammenfinden!"

Wie fühlt sich der Unterschied an? In der ersten Variante machst Du Dich klein, um Dein Gegenüber groß zu machen. Das kann zwar Sympathie auslösen, schwächt aber gleichzeitig Deine eigene Position. Die zweite Variante ist deutlich besser geeignet, um Augenhöhe herzustellen. So fühlt sich der Gesprächspartner ehrlich wertgeschätzt, während Du selbst auch weiter strahlen kannst.

4. Es geht ums Geschäft und nicht ums Wetter

Jetzt steigen wir direkt ins Gespräch ein. Meine Best-Practice-Techniken verzichten komplett auf Small Talk. Ich mache das nicht mehr, denn es führt zu nichts. Beim Arzt spricht auch niemand zunächst über das Wetter. Beiden ist klar, wofür sie sich treffen. Der Tanz um den heißen Brei führt im schlimmsten Fall dazu, dass der Kunde Dich nach einer halben Stunde fragt, was Du eigentlich kaufen willst.

Verwechsle Small Talk nicht mit beziehungsorientierter Sprechweise. Du solltest, wenn es dem Typ des Kunden entspricht, selbstverständlich empathisch und auf Vertrauen und Kontakt orientiert kommunizieren. Aber bitte nicht über die schönsten Ferienerlebnisse und den traurigen Zustand der Zimmerpflanzen! Steuere mit Deiner Kommunikation Satz für Satz auf Dein Ziel zu!

5. Wer zuhört, gewinnt

Du brauchst noch eine Reihe von Informationen für den erfolgreichen Abschluss, die Du nur jetzt und hier vom Kunden selbst bekommen kannst. Deine Gesprächsführung hat das Ziel, dass der Kunde den konkreten Bedarf formuliert, für den Dein Angebot eine Lösung anbietet. Um dorthin zu kommen, spielen seine Mission als Unternehmer, sowie seine aktuellen Visionen und Ziele eine zentrale Rolle. Auch im Kundengespräch ist daher die Balance von Fragen und Reden von hoher Bedeutung.

Bei den Sympathietechniken hast Du außerdem gelernt, dass Aufmerksamkeit eine der besten Methoden ist, um bei Deinem Gegenüber das Gefühl von Wertschätzung und eine positive Wahrnehmung zu erzeugen.

Eine gute Faustregel ist: Etwa doppelt so lang zuhören wie reden. Doch widersteh dem Drang, Frage auf Frage zu stellen und Impuls auf Impuls zu geben. Ein „Kreuzverhör" bringt das Gespräch zwar intensiv voran, doch bleiben dabei leider oft die Überzeugung und das Vertrauen des Kunden auf der Strecke.

6. Zeig, was Du kannst!

Ich beginne in der Regel mit einem Kompetenzbeweis und zeige gleich zu Anfang, was ich drauf habe. Da halte ich es ganz wie die Actionfilme aus den 2000ern: Das Beste kommt am Anfang. So stellst Du Dein Angebot dar und legst bereits die Grundlagen für Interesse und Vertrauen.

Wie Du das umsetzen kannst, hängt von Art und Inhalt Deines Angebots ab. Wichtig ist, dass Du den Kunden dazu bringst, große Augen zu machen. Wenn Du den Kundennutzen Deines Angebots klar und deutlich vor Augen hast, kannst Du daraus auch Möglichkeiten für einen überzeugenden Kompetenzbeweis ableiten.

Ein schönes Beispiel, das ich selbst gern nutze und auch schon bei anderen Profis beobachten durfte, ist „Kennzahlen abfragen". Konfrontiere den Unternehmer mit einer Handvoll wichtiger Kennzahlen für seinen geschäftlichen Erfolg, die Deine Tätigkeit betreffen, von denen er allerdings noch nie etwas gehört hat.

Wie groß ist Ihr Empfehlungsteam?

Welche Netzwerkstrategie funktioniert für Sie am besten?

Wie ist Ihre Weiterempfehlungsquote?

Die Fragen sind rhetorisch. Der Zuhörer kann darauf keine Antwort haben. Deshalb wird er begierig sein, herauszufinden, wie gut er in diesen Bereichen aufgestellt ist.

Jetzt weiß der Kunde, was Du anbietest, und hat begründetes Interesse entwickelt. Nun gilt es, das mit seinem Bedarf in Verbindung zu bringen.

7. Mit einem Deal die Zustimmung vorbereiten

Im nächsten Schritt gehe ich direkt auf den Kunden zu. Das ist mir wichtig, weil ich wissen will, wie konkret das Interesse ist. Es gibt zu viele Chamäleons in der Geschäftswelt und wir können kostbare Zeit sparen, wenn wir die Verbindlichkeit gleich am Anfang testen. Also stelle ich sicher, dass wir uns in einem Kundengespräch und nicht in einer unverbindlichen Beratung oder in einer netten Plauderstunde befinden. Ich sage dazu einen Satz mit folgendem Inhalt: „Ich werde Dich jetzt so gut beraten, wie es mir möglich ist. Danach sagst Du entweder ja und wir starten gemeinsam in die Lösung. Oder Du gibst mir einen guten Grund, warum wir das nicht tun."

Warum tue ich das? Weil es neurolinguistisch wirksam ist. Durch eine so formulierte Vereinbarung wird beim Kunden schon zu Beginn eine Idee mit dem Inhalt „Ich kann zustimmen" fest verankert. Das ist sehr wichtig. Diese Idee werden wir mit den nächsten Schritten immer weiter stärken, damit sie zur Grundlage für eine Entscheidung wird.

Roman: „Was versprechen Sie sich
von dem Coaching mit mir?"

Kunde: „Ich wünsche mir neue Kontakte,
die sich auch wirklich aktiv für mich engagieren."

„Wunderbar, ich notiere das gleich mal:
Was wünschen sie sich noch?"

„Tja, es wäre schön, wenn es dadurch schon in diesem
Monat die ersten neuen Aufträge gibt."

„Na das sollten wir doch schaffen.
Ich notiere... Gibt es vielleicht noch etwas Drittes,
worauf Sie Wert legen?"

Kunde: „Hmm, die schnellen Ergebnisse sind gut,
doch darüber hinaus will ich auch nachhaltigen
und langfristigen Erfolg."

Roman: „Alles klar. Dann machen wir in
unserem Coaching besonders viele Praxiseinheiten,
damit sich die Techniken dauerhaft einprägen können.
Ich notiere mir das so."

Wir arbeiten den Deal jetzt weiter aus, indem wir den Bedarf exakt benennen. Dazu müssen wir wieder die richtigen Fragen stellen. Worauf legt der Kunde den größten Wert? Woran sieht er, dass eine Lösung erfolgreich ist und seinen Bedarf erfüllt? Im Rahmen des Vorabschlusses legen wir mindestens drei solcher Punkte fest. Nachdem der Kunde sich dafür entschieden hat, fassen wir das wieder in einer klaren Aussage zusammen: „Wenn wir das gemeinsam so erfüllen, sind wir uns dann einig?"

Da der Kunde selbst vorher diese Merkmale als Bedingungen für einen Erfolg definiert hat, erhalten wir auf diese Frage in fast hundert Prozent der Fälle eine positive Antwort. Das ist schön für den Kunden: Denn jetzt hat er eine klare Orientierung, was notwendig ist, damit er einem Abschluss zustimmen wird. An uns liegt es nun, diese Bedingungen zu erfüllen.

Das ist wichtig für Dich. Auf diese Weise bekommst Du ein eindeutiges Ja oder ein klares und begründetes Nein. Aber sicher kein nervtötendes und für beide Seiten wertloses Vielleicht.

8. Good Cop, bad Cop

In vielen Fällen ist der Kunde an dieser Stelle noch unsicher und schwankend. Dem können wir durch gekonnt eingesetztes Storytelling entgegenwirken. Positives und negatives Storytelling sind beides mächtige Mittel, um in einem zitternden Kunden die Dosis Entschlossenheit zu wecken, die für einen Abschluss unerlässlich ist.

Wir können dafür so ähnlich, wie in der Manier von „Good Cop – bad Cop" in der Erzählhaltung wechseln. Manchmal ist ein Schock erforderlich, um einen Kunden in Aktivität zu bringen. Schlimme Geschichten wecken die Lust, ein bestehendes Problem zu lösen und von einer Situation wegzukommen.

Das Gespräch mit einem Interessenten für ein Coaching war schon weit gediehen. Es drohte allerdings zu scheitern, weil sich der Kunde zwischen einer Förderung für eine neue Internetpräsenz und der Ausbildung als Netzwerker entscheiden musste. Hier war eine kleine Schockgeschichte genau das richtige Mittel, um die für uns beide bessere Entscheidung zu treffen:

„Ich verstehe, dass Du den BAFA-Förderanspruch nur noch einmal einsetzen kannst. Und ja, ich verstehe, dass eine Homepage auch wichtig ist. Ich muss dabei an Christian denken, mit dem ich im letzten Sommer zusammen saß. Er hatte sich damals entschieden, die Webseite über die BAFA-Förderung zu machen. Die hat er jetzt. Ist auch wirklich hübsch geworden. Aber es geht halt keiner drauf.

Wie auch? Damit sich irgendwer auf seine Webseite verirrt, muss er ja doch wieder Kaltakquise machen oder eben gekonnt auf Netzwerkveranstaltungen auftreten, mit Leuten sprechen und Kontakte aufbauen. An der Stelle hatte er den Fördermittelanspruch leider erstmal komplett in den Sand gesetzt. Ein Jahr später hat er sich dann auch für das Coaching entschieden und die Lücke geschickt geschlossen."

Eine andere Geschichte ist die von Juliane. Sie war in meinem Professional Business Networking-Seminar. Über ein Jahr später ruft sie mich an und erzählt mir, sie hätte sich aus Neugier mal die Kundenordner der letzten Jahre angesehen. Für 2016, vor dem Seminar, war die Liste noch recht übersichtlich. Für 2017 scrollt sie die Liste runter, weiter runter, noch weiter runter, und es nahm kein Ende. Alles Kunden, die durch Empfehlungen zu ihrem Werbestudio kamen – mit den Techniken, die sie im Seminar gelernt hatte. Erst letzte Woche hat Juliane auf meine Facebook-Umfrage, welche Netzwerkveranstaltung die wertvollste aller Zeiten war, geantwortet: Der Tag, an dem sie mich kennengelernt hatte. Sowas liest man doch gern!

Viel lieber sind wir allerdings der gute Cop, der motiviert, bestärkt und mit Referenzgeschichten bewährte und erfolgversprechende Wege aufzeigt. Der ideale Weg zur Lösung des bestehenden Problems ist der, den Du gerade anbietest. Die effektivsten Methoden zum zielorientierten Storytelling hast Du in Kapitel 12 bereits kennengelernt.

Varianten anbieten
und Knappheit erzeugen

Wir stehen nun direkt vor der Entscheidung. Die fällt der Kunde im Normalfall zwischen verschiedenen Varianten. Ein einzelnes Produkt verkauft sich schwer. Dasselbe Produkt in einer Reihe von Varianten kann zum Bestseller werden. Und zwar selbst dann, wenn sich nicht ein einziger Käufer jemals für eine der anderen Varianten entscheidet.

Ein Weinhändler bietet zwei Sorten an: Eine günstige für 4,99 und eine teurere für 12 Euro. 90% kaufen die Billige. Das wurmt den Weinhändler und er fragt einen Unternehmensberater um Rat. Das Einzige, was er tut: Er stellt eine Flasche für 27 Euro daneben. Auf einmal kaufen die meisten Leute den Wein in der Mitte.

Jetzt können wir noch die Zeitachse optimieren. Du willst jetzt abschließen und nicht auf später vertröstet werden. Dafür ist es sinnvoll, wenn wir das Gefühl von Knappheit erzeugen. Die Devise lautet: Jetzt oder nie. Greif heute zu oder komm morgen zu spät: Der Club der Auserwählten ist schon fast voll.

9. Der Moment der Wahrheit

Wenn Du alle Techniken dieses Kapitels konsequent angewendet hast, ist die Motivation des Kunden in diesem Moment auf dem Maximum. Das ist der perfekte Augenblick, um eine Entscheidung zu treffen.

Hier habe ich jahrelang rumgeeiert. Irgendwie wollten mir die abschließenden Worte nicht über die Lippen gehen: „Mein Angebot ist doch super. Unterschreiben Sie nun endlich?" Klingt irgendwie etwas unsexy. In meiner Verlegenheit habe ich den Vertrag meistens einfach dagelassen und wenn der Interessent wirklich Kunde werden will, schickt er ihn mir schon zurück. Heute mache ich das ganz anders und so empfehle ich es auch Dir.

Den Moment der Wahrheit leiten wir elegant ein, indem wir auf die Erfolgsmerkmale aus dem Vorabschluss eingehen. Jeden Punkt sprechen wir ausdrücklich an und stellen die Frage, ob er durch das im Raum stehende Angebot erfüllt ist. Die Antwort sollte jedes Mal ein klares und deutliches Ja sein.

„Herr Kunde, Sie sagen, dass Sie Ihr Netzwerk
qualitativ erweitern wollen?"

„JA!"

„Und, dass Sie von unserer Zusammenarbeit
schnelle Ergebnisse erwarten?"

„JA!"

„Und Sie sagen außerdem,
Sie wünschen sich viel Praxis für langfristigen Erfolg?"

„JA!"

Darauf stellen wir die entscheidende Frage:

„Wollen wir es so angehen?"

Stimmt der Kunde zu, jubeln wir innerlich und besiegeln die Entscheidung mit einem Handschlag auf gute Zusammenarbeit. Das ist nicht nur eine symbolische Geste. Das zusätzliche Signal der Berührung stärkt auch die Entschlossenheit hinter der frisch getroffenen Entscheidung. Anschließend können wir mit motivierenden Impulsen die eventuell vorhandene Kaufreue abmildern.

Sollte der Kunde zögern und noch nicht zustimmen, können wir eine einfache Technik nutzen: Mit dem Adenauerkreuz sammeln wir alle Punkte, die dafür und dagegen sprechen. Wir gehen noch einmal in die Beratung und sprechen jeden einzelnen Punkt an. Dabei können wir günstige Argumente stärken und ungünstige Argumente abmildern. Im besten Fall gelingt es uns, ein Gegenargument so umzudeuten, dass es für die Umsetzung unserer Lösung spricht.

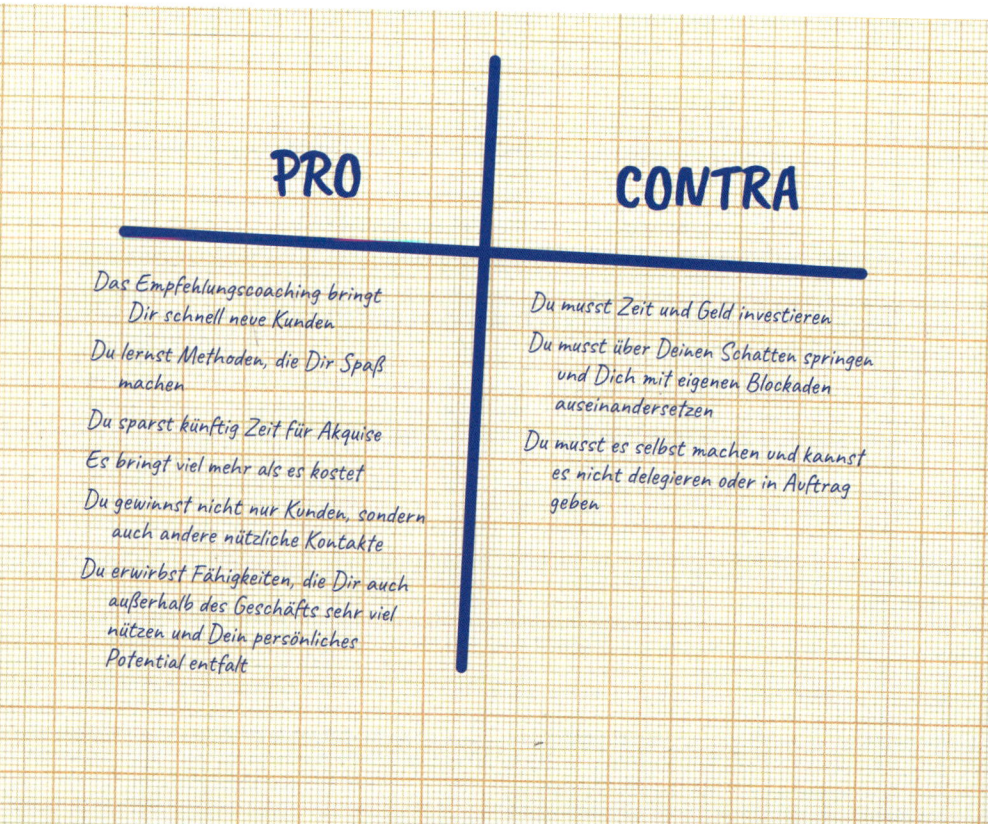

PRO

Das Empfehlungscoaching bringt Dir schnell neue Kunden

Du lernst Methoden, die Dir Spaß machen

Du sparst künftig Zeit für Akquise

Es bringt viel mehr als es kostet

Du gewinnst nicht nur Kunden, sondern auch andere nützliche Kontakte

Du erwirbst Fähigkeiten, die Dir auch außerhalb des Geschäfts sehr viel nützen und Dein persönliches Potential entfalt

CONTRA

Du musst Zeit und Geld investieren

Du musst über Deinen Schatten springen und Dich mit eigenen Blockaden auseinandersetzen

Du musst es selbst machen und kannst es nicht delegieren oder in Auftrag geben

Viele der Contra-Argumente lassen sich mit Punkten auf der Pro-Seite sehr schön umdeuten. So ist die Auseinandersetzung mit eigenen Blockaden tatsächlich ein großartiger Weg, um persönlich zu wachsen und Zufriedenheit aus dem eigenen Potential zu schöpfen.

Jetzt bist du am Ziel. Der letzte Schritt ist
der Abschluss des Vertrages.

Aus einem Abschluss zwei machen

Der geübte Profi gibt sich oft nicht mit einem einzigen Abschluss zufrieden. Im Kapitel 4 „Empfehlungen" hast Du erfahren, dass Du einen Neukunden durch geeignete Kommunikation zu Weiterempfehlungen motivieren und ihn damit direkt zu einem Empfehlungsgeber machen kannst.

Damit die Verbindung von Abschluss und Weiterempfehlung gelingen kann, brauchst Du neben Erfahrung in der Gesprächsführung und einer geschulten Intuition eine sehr saubere Technik. Dieses Profiwissen kannst Du in einem individuellen Coaching gezielt erwerben, üben und vertiefen. Diese Technik ist besonders wertvoll für Jungunternehmer.

Enrico hat sein Hypnosestudio Anfang 2018 eröffnet, als er zu mir ins Coaching kam. Damals hatte er gerade eine Aktion mit „Groupon" gestartet, wo seine Sitzungen zu einem Bruchteil des Wertes über Gutscheine angeboten werden. Daran verdient man zwar kein Geld, doch man bekommt Aufmerksamkeit. Also habe ich ihm im Coaching als erstes gezeigt, wie er von einem Kunden gleich zwei bis drei Abschlüsse zusätzlich gewinnen kann. Mit dieser Technik hat er sein junges Unternehmen in die schwarzen Zahlen gebracht und freut sich nun über eine gute Auslastung.

10. Feiere Deine Erfolge!

Zum Abschluss noch eine mächtige Technik für Deine Selbstmotivation. Du unterstützt Deine eigene Haltung, indem Du mit den Ergebnissen optimal umgehst. Mit zunehmender Übung wird es für Dich zur Regel werden, dass Du einen Abschluss erreichst. Nutze die Kraft solcher motivierenden Momente und feiere bewusst jeden Erfolg! Feiere ihn laut, feiere ihn richtig. Tanze vor dem Spiegel oder reiße die Fäuste in den Himmel als hättest Du gerade Wimbledon gewonnen. Das mag albern klingen, doch genau dabei werden Hormone in Deinem Körper ausgeschüttet, die Dich zu weiteren Erfolgen motivieren.

Aus diesem Grund teilen wir im MasterMindClub unsere Erfolge miteinander. Jeder Club hat eine eigene WhatsApp-Gruppe, in die wir uns mit unseren Kollegen über die Erfolge freuen. Dazu beginnt jedes Treffen mit einer Runde, in der jeder sein Highlight des Monats zum Besten gibt. So starten wir mit positiver Energie in unseren Clubabend.

Es kommt trotzdem vor, dass auch die perfekteste Gesprächsführung nicht zum Abschluss führt. Während Du beim Erfolg Dich selber zu 100% für das Gelingen verantwortlich machst, tust Du nun das Gegenteil. Ein Scheitern liegt nicht an Dir. Es liegt an dem anderen. Der Kunde hatte einen schlechten Tag, er würde Dein Angebot gerne annehmen, doch ein Vorgesetzter verbietet ihm das. Finde Gründe, damit Du Dich selber wohl fühlst. Damit trickst Du Dein eigenes Gehirn aus und behältst Deine hohe Motivation.

Nichtsdestotrotz ist hier auch der richtige Zeitpunkt für eine Analyse. Was hat gut funktioniert? Was noch nicht? Was wirst Du beim nächsten Mal noch besser machen?

Das hast Du in Diesem Kapitel gelernt:

1. Informieren und Heimvorteil nutzen
2. Gründliche Vorbereitung schon vor dem Frühstück
3. Die günstige Begrüßung
4. Kein Smalltalk
5. Wer zuhört, gewinnt
6. Der Kompetenzbeweis
7. Der Deal
8. Storytelling
9. Der Moment der Wahrheit
10. Feiere Deine Erfolge

Ein gelungener Abschluss ist ein sehr guter Anlass, um einen Zettel in Dein Dankesglas zu legen. Teile Deine Erfolge auch mit Deinen Partnern und motiviere sie damit! Denke auch auf jeden Fall daran, Dich bei Deinem Empfehlungsgeber für den Erfolg zu bedanken.

Du bist jetzt den Weg von den ersten Schritten bis zum greifbaren Erfolg gegangen. Setze das Praxiswissen aus diesen Kapiteln konsequent um! Nutze die Gelegenheiten zum Lernen mit guten Impulsen, wertvollen Coachings und Seminaren! Jeder Schritt auf diesem Weg führt Dich zu Deinen Lieblingskunden, zu schönen Erfolgen im Geschäft und zu dem Leben, von dem Du immer geträumt hast.

kapitel 14

BONUS:
SOCIAL MEDIA
FÜR NETZWERKER

AVMZKT

Täglich wird uns gesagt, dass die Zukunft digital ist. Warum ist der Einsatz von Social Media kein Kernthema sondern ein Bonus oben drauf? Nachdem Du die Empfehlungsformel aufmerksam studiert hast, bist Du die Netzwerktreppe nach oben gestiegen. Du weißt, worauf es für den erfolgreichen Aufbau produktiver und vertrauensvoller Beziehungen ankommt. Du kennst die Grundlagen, hast mächtige Techniken und Strategien gelernt und weißt auch, wie Du sie einsetzen kannst.

Die Stufen der Netzwerktreppe bestehen aus echten Erfahrungen. Die Regeln der sozialen und geschäftlichen Interaktion, die Deinen Netzwerkerfolg bestimmen, werden im wirklichen Leben geprägt. Ein Handschlag entfaltet eine Wirkung, die ein Smiley nicht im Entferntesten erreichen kann.

Ein guter Netzwerker braucht weder eine Homepage noch ein Facebook-Profil. Einem schlechten Netzwerker helfen die auch nicht weiter. Hast Du die Grundlagen aber einmal gemeistert, bieten digitale Techniken ein enormes Potential, um den Kontakt zu Partnern und Kunden zu intensivieren. Social Media ist ein machtvolles Werkzeug, mit dem Du die Reichweite Deiner Inhalte extrem erhöhen kannst. In diesem Bonuskapitel lernst Du, worauf es beim Aufbau Deines Profils und erfolgreicher, digitaler Interaktion ankommt.

Mach es wie Finch

Hast Du American Pie gesehen? Der Streifen ist vielleicht nicht der bedeutendste Beitrag zur Kinokultur. Aber als größter Vertreter der amerikanischen Legende vom Ende der High School durchaus sehenswert. Meine Lieblingsfigur ist Finch: Weil der einen natürlichen Instinkt für die Macht des Netzwerkens hat.

Ich muss wohl nicht ausführen, was das zentrale Ziel der jugendlichen Helden ist. Spannend ist auch eher, wie sie es verfolgen. Finch geht als Einziger strategisch vor. An der ganzen Schule genießt er den Ruf als unwiderstehlicher Verführer. Weißt Du noch, wie ihm das gelungen ist? Ganz einfach: Er hat dafür bezahlt. Er hat schönen

Frauen Geld gegeben, damit sie überall erzählen, was Finch für ein toller Hecht ist. Die Reputation, die Finch bei seiner Zielgruppe zum Strahlen gebracht hat, war gekauft und erlogen. Davon lebt die konventionelle Werbung. Hand hoch, wer dabei nicht an bezahlte Facebook Ads denkt!

Du fragst vielleicht, was das mit Netzwerken zu tun hat? Wir tun das Gleiche. Doch nicht mit bezahlten Falschmeldungen, sondern mit echten, motivierten Partnern. Wir treten ehrlich auf, stärken unseren guten Ruf gratis und erreichen damit wesentlich mehr. Das ist die Macht der sozialen Medien, wenn sie sinnvoll genutzt wird.

Die Basis dafür ist zielorientiertes Storytelling, wie Du es in Kapitel 11 gelernt hast. Und der richtige Umgang mit den Techniken und Regeln digitaler, sozialer Netzwerke. Das lernst Du hier.

Wähle Deine Plattform

Es gibt zahlreiche Plattformen und Netzwerke, die sich in ihrer Grundfunktion gleichen, aber jeweils verschiedene Aspekte, Zielgruppen und eine unterschiedliche Bandbreite von Möglichkeiten bereitstellen.

An Facebook als Platzhirsch und Allrounder kommst Du nur schwer vorbei. Gut kompatibel und aktuell sind Instagram für Bilder und Twitter für Kurzmitteilungen. Youtube ist der meistgenutzte Kanal für Videos. Vimeo macht Konkurrenz. Xing ist derzeit die wichtigste Plattform für Business-Kontakte. LinkedIn ist stark im Kommen. Auch Messenger wie WhatsApp haben Potential als Instrumente für digitales Social Networking.

Das ist nur eine kleine Auswahl. Ich nutze vorrangig Facebook und Xing. Welche Plattform für Deine Ziele die günstigste ist, entscheidet sich anhand von zwei Kriterien: Wo ist Deine Zielgruppe vorrangig vertreten? Und auf welche Weise lassen sich Deine Themen optimal darstellen und verbreiten? Für den Einstieg empfehle ich Facebook, weil diese Plattform alle Medienformate abdeckt und mit rund zwei Milliarden Nutzern weltweit eine unschlagbare Reichweite ermöglicht.

Mach Dich sichtbar

Eine der wichtigsten Entscheidungen beim Erstellen Deines Profils ist das Profilbild. Zahlreiche Studien zeigen, dass es für die Entscheidung zur Vernetzung einen gravierenden Einfluss hat. Ein Business-Profilbild ist sachlich aber sympathisch. Achte unbedingt auf den Blick nach innen zur Bildschirmmitte: Das lesen Betrachter als Zeichen für Offenheit und Interesse.

Geschäftlich oder privat?

Eine häufige Frage ist, ob und wie das Geschäftliche vom Privaten getrennt werden sollte. Ich habe die Erfahrung gemacht, dass das unmöglich ist. Schneller als Du denkst hast Du von neuen Kontakten beim Business-Frühstück Freundschaftsanfragen auf Deinem Privatprofil.

Meine erste Reaktion darauf war leichte Schockstarre. Dabei kann ich ja nur verlieren, war mein Gedanke. Wenn ich ablehne, beschädige ich den Kontakt. Wenn ich akzeptiere, sind meine privaten Eskapaden demnächst Gesprächsthema Nummer Eins in meinem Business-Netzwerk.

Zum Glück gibt es dafür eine einfache Lösung. Facebook und die meisten anderen Plattformen bieten die Möglichkeit, Kontakte in Listen zu verwalten. Damit kannst Du kontrollieren, welche Inhalte für welchen Teil Deiner Kontakte sichtbar sind. Das sollten nicht ausschließlich bierernste Geschäftsthemen sein. Social Media lebt ebenso wie analoges Netzwerken auch davon, dass die Teilnehmer sich menschlich sichtbar machen. Es sind schließlich die echten, lebendigen Geschichten, die den Kontakt Mensch zu Mensch herstellen.

Wer darf dabei sein?

Für die Auswahl von Kontakten und Freunden gibt es zwei Ansätze, die sich mit Masse vs. Klasse gut beschreiben lassen. Die Entscheidung für das Eine oder das Andere ist gar nicht so leicht, wie es scheint. Denn eine große Zahl an Kontakten erzeugt hohe Sichtbarkeit und Aufmerksamkeit. Je nach Art Deines Angebots kann der Ansatz über eine möglichst große Masse an Kontakten sinnvoll sein.

So geht es auch: Facebook begrenzt aktuell die Anzahl privater Freunde auf 5000. Nur geschäftliche Seiten haben kein Limit. Ich habe einen Bekannten, dessen Angebot für eine sehr breite Zielgruppe interessant ist. Sein wichtigster Kanal für die Kundengewinnung sind mittlerweile die vier Facebook-Profile, die jeweils die 5000 voll haben. Das ist eine extrem wertvolle Reichweite. Sein Rekord ist ein Profil, dass er mit nur sieben Mal einloggen auf 5000 Kontakte geschafft hat. Wie hat er das erreicht? Mit Fake-Profilen also falschen Daten. Am schnellsten füllten sich die Profile mit dem Porträt einer hübschen, jungen Dame und Postings in Facebookgruppen wie „Hi! Ich wollte einfach mal kurz Hallo sagen." Auf einen solchen Post folgen je nach Gruppengröße mehrere Hundert Freundschaftsanfragen. Konkret für mein Angebot ist das nicht sinnvoll. Ich vernetze mich aus mehreren Gründen nur mit Menschen, die ich persönlich kenne. Aber auch dieser Weg funktioniert und kann wertvolle Reichweite erzeugen. Ob Du ihn gehen willst, bleibt Deine Entscheidung. Wenn ja, brauchst Du Dich jedoch nicht über eine asymmetrische Frauenquote in Deiner „Freundes"liste zu wundern.

Nutze bestehende Gruppen

Für jedes Thema existieren in den meisten Plattformen bereits spezialisierte Gruppen. Das ist ein wertvolles Instrument, um ausgewählt Kontakte zu Deiner Zielgruppe aufzubauen. Dabei musst Du allerdings auf zwei Dinge achten: Wenn Du Kunden suchst, lohnt es sich nur begrenzt, Arbeit in eine Gruppe zu investieren, in der sich vorrangig Deine Mitbewerber austauschen. In Foren für thematisch Interessierte ist wiederum direktes Marketing häufig unerwünscht und kann auch zum Ausschluss führen. Interessant sind Gruppen, in denen Nutzer nach Ratschlägen fragen. Ein sehr schönes Beispiel sind die Städte-Foren bei Facebook wie „Dresdner fragen Dresdner".

Arbeite mit dem Algorithmus

Die Algorithmen von Facebook und Co. sind Gegenstand zahlreicher Spekulationen. Es lohnt sich allerdings, ihre Funktion genauer zu kennen, um das Maximum herauszuholen. Beispielsweise sind Privatprofile auf Facebook deutlich besser sichtbar als Business-Seiten. Das solltest Du wissen und in Deine Social Media Strategie einbeziehen. Gleiches gilt für die Quellen geteilter Inhalte. Ein Video, dass auf Facebook direkt hochgeladen wird, erhält rund 20-mal mehr Sichtbarkeit, als Videos, die von der Konkurrenzplattform Youtube geteilt werden.

Achte darauf, regelmäßig Inhalte zu erstellen, um Deine Sichtbarkeit auf einem hohen Level zu halten. Hier gilt das Prinzip Klasse statt Masse. Eine gute Faustregel ist: maximal ein Post am Tag und mindestens drei in der Woche. Du willst Deinen Kontakten auf gar keinen Fall auf die Nerven gehen. Wenn du aus der Freundesliste gelöscht wirst, ist der Kontakt abgebrochen und lässt sich nur mit größter Mühe wieder herstellen.

Der Facebook-Algorithmus ist ein großes Geheimnis, aber es ist bekannt, welche Interaktionen die wertvollsten sind. Ein Punktesystem könnte in etwa so aussehen:

Like: 1 Punkt
Herzchen/Wow/Traurig/Sauer: 3 Punkte
Kommentar: 5 Punkte
Teilen: 20 Punkte

Je mehr Punkte ein Beitrag erzeugt, desto häufiger wird er angezeigt. Das berühmt-berüchtigte Like ist bei dem ganzen Spiel offensichtlich leider nur der Trostpreis.

Die schönen Seiten des Lebens

Ein Grundsatz, den Du bei den Sympathietechniken gelernt hast, gilt für Social Media in besonders hohem Maß: Keine Klagen, keine Beschwerden. Nimm Abstand von politischen Posts und Unterhaltungen mit destruktiver Grundstimmung. Es gibt Themen, bei denen kannst Du nur verlieren. Social Media hat auch große Bedeutung für den Austausch über schwierige und strittige Themen. Aber vermische das niemals mit der Kommunikation im geschäftlichen Netzwerk!

Nutze Listen oder gesonderte Profile für eine konsequente, scharfe Trennung. Damit kannst Du genau steuern, welche Freunde welche Art von Inhalten sehen sollen. Du stellst damit sicher, dass Geschäftspartner weder Deine privaten Eskapaden vom letzten Junggesellenabschied mitbekommen, noch die regelmäßigen Petitionen für die Rettung der Hufeisennasen-Fledermaus.

Expertenstrategie: Die Guerilla-Gruppe

Nun möchte ich Dich mit einer letzten Strategie bekannt machen, die das Potential, das in Social Media schlummert, auf beeindruckende Weise wachrufen kann. Eine der wichtigsten Funktionen in der digitalen Gesellschaft ist die des Multiplikators. Inhalte werden stark, indem sie geteilt werden.

Das kann passieren, weil du geschickt warst, weil du Glück hattest oder weil Du Katzenbilder postest. Es geht aber professionell: Mit einer Guerilla-Gruppe erreichst Du, dass Deine wichtigsten Inhalte zuverlässig und wirkungsvoll ihre Reichweite vervielfachen. Dazu nutzt Du aktive Multiplikatoren, so ähnlich wie Finch bei American Pie.

Aber was machen die PiGeiLeons? Sobald einer von ihnen auf die Frage aufmerksam wird, läuft ein gut eingespielter Mechanismus an. Das Prinzip lautet: Alle für einen. Die Frage wird in den geschlossenen Gruppenchat für Guerilla-Aktionen gestellt. Damit werden alle Teilnehmer aktiviert und können sofort reagieren. Fünf verschiedene Teilnehmer empfehlen nun plötzlich in der Facebook-Gruppe denselben Berater. Dieser hält sich galant zurück und muss selber gar nichts tun. Rate einmal, wer den Auftrag erhält.

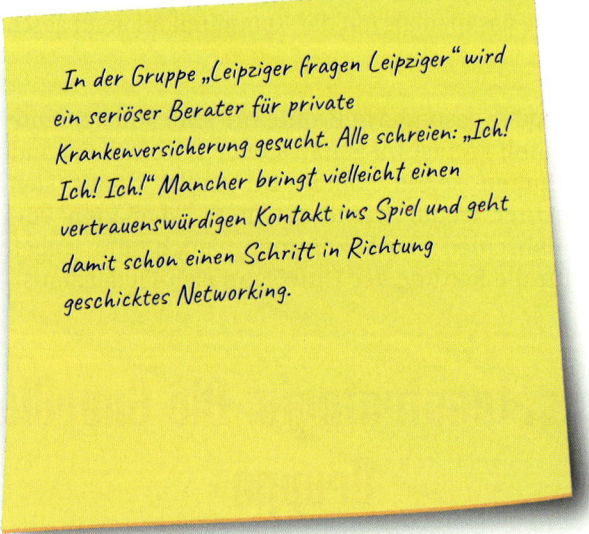

In der Gruppe „Leipziger fragen Leipziger" wird ein seriöser Berater für private Krankenversicherung gesucht. Alle schreien: „Ich! Ich! Ich!" Mancher bringt vielleicht einen vertrauenswürdigen Kontakt ins Spiel und geht damit schon einen Schritt in Richtung geschicktes Networking.

Diese Reichweite ist unbezahlbar

Ein weiterer Einsatzbereich der Guerilla-Gruppe ist das aktive Streuen und Teilen wichtiger Inhalte. Wählt dafür regelmäßig gezielt zentrale Inhalte aus. Alle Teilnehmer der Gruppe sind aufgefordert, diese Inhalte zu teilen. Durch diese gezielte Einbindung von Multiplikatoren lässt sich für Deine Premiuminhalte punktgenau eine Sichtbarkeit erzeugen, die weit über der Reichweite von bezahlter Werbung liegt.

Die Guerilla-Gruppe ist klein und sehr schlagkräftig. Fünf Teilnehmer sind gut, zehn sind schon sehr viele. Arbeite dafür ausschließlich mit Deinen aktivsten und verlässlichsten Netzwerkpartnern zusammen! Vorsicht vor Chamäleons, die schnell und begeistert Ja sagen, im wichtigsten Moment aber meist anderweitig beschäftigt sind!

Nicht jeder gute Partner muss zwangsläufig auch ein Kandidat für Deine Guerilla-Gruppe sein. Das Beziehungskonto lässt sich unabhängig davon auch gut füllen, indem Du Partner einzeln erwähnst und bei interessanten Inhalten direkt verlinkst.

Nutze den Multiplikations-Effekt für eigene Veranstaltungen!

Niemand ist gern der Erste auf der Party. Eine erfolgreiche Veranstaltung braucht einen harten Kern, der den ersten Schritt macht. Teile Deine Veranstaltung direkt beim Erstellen mit Deiner Guerilla-Gruppe und sorge damit für die ersten Zusagen.

Zugleich lassen sich mögliche Interessenten direkt verlinken. Nimm jeden auf, der bereits einmal teilgenommen hat. So erreichst Du mit 50 früheren Teilnehmern den gleichen Effekt, als wäre die Veranstaltung 50 Mal geteilt worden.

Mach jetzt den ersten Schritt!

Es funktioniert beeindruckend gut, wenn es richtig gemacht wird. Ich generiere rund 30 Prozent meiner Empfehlungen über Social Media.

Damit hast Du gelernt, wie Du die Macht von Social Media gezielt einsetzen kannst: Für den Kontakt zu bestehenden und neuen Kunden und für weite Sichtbarkeit Deiner Inhalte und Angebote. Willst Du die Gelegenheit nutzen und jetzt den ersten Schritt direkt umsetzen? Dann freue ich mich darauf, Dir auf Facebook oder Xing auch online zu begegnen. Scanne einfach diese Codes als schnellsten Weg zu meinen Profilen!

Topp Vernetzt

Facebook

MasterMindClub

Nachwort

Du bist jetzt den Weg von den ersten Schritten bis zum greifbaren Erfolg gegangen. Setze das Praxiswissen aus diesen Kapiteln konsequent um! Nutze die Gelegenheiten zum Lernen mit guten Impulsen, wertvollen Coachings und Seminaren! Jeder Schritt auf diesem Weg führt Dich zu Deinen Lieblingskunden, zu schönen Erfolgen im Geschäft und zu dem Leben, von dem Du immer geträumt hast.

Gehe nun noch einmal zurück an den Anfang und sieh Dir die Namen an, die Du in der Tabelle von Seite 35 notiert hast. Du hast nun alle Werkzeuge, um Deine Netzwerkpartner so auszubilden, dass sie für Dich produktiv werden.

A – Angebot

War ihnen Dein Angebot nicht klar? Du hast Dein Alleinstellungsmerkmal herausgearbeitet und gelernt, wie Du es prägnant mit einem Pitch oder lebendig mit Storytelling so vermitteln kannst, dass Du bei Deinen Zuhörern im Gedächtnis bleibst.

V – Vertrauen

Hat es am Vertrauen gemangelt? Du kannst nun das Vertrauen in Dich stärken, indem Du Referenzen gekonnt einsetzt und hast einen Appetizer, der auch leicht zu empfehlen ist, wenn das Vertrauen zu Dir noch im Aufbau ist.

M – Motivation

Gab es zu wenig Motivation Dich zu empfehlen? Das ist bald vorbei. Gleich vier Kapitel haben Dir Antworten geliefert. Du hast mit Deiner Mission ein starkes WARUM entwickelt und kannst Deine Zuhörer damit anstecken. Du sprichst nun in der Sprache Deines Gegenübers und bleibst in sympathischer Erinnerung. Die emotionalen Typen mögen Dich wegen Deines Charismas und die rationalen lieben Dich für die Resultate, die Du ihnen durch die Empfehlungstechniken bescherst.

Z – Zielkunde

War Dein Zielkunde nicht klar? Nachdem Du in Kapitel 6 Deinen Kundenavatar erstellt hast, kennen Deine Netzwerkpartner Deinen Zielkunden bald besser als Du ihn vor Kurzem noch selber gekannt hast.

K – Kontakt

Hatten Deine Partner keinen Kontakt zu Deinen Zielkunden? Nutze die Netzwerkstrategie des reversiven Empfehlens. Kennt dieser Mensch wirklich nur Leute von denen kein einziger für Dich interessant ist? Ja, wenn Du hochspezialisiert bist, kann das tatsächlich vorkommen. Umso besser eignet sich dann eine Strategische Allianz. Das Land ist voll von neuen Kontakten, die Dich gerne kennenlernen möchten. Du weißt aus Kapitel 8, wie Du Dich auf Netzwerkveranstaltungen optimal verhältst und Dein Umfeld schnell qualitativ erweiterst.

T – Training

Wussten Deine Partner nicht, wie sie Dich empfehlen sollen? Seit Kapitel 3 kennst Du die Empfehlungstechniken der Profis und kannst Deine Empfehlungsgeber entsprechend trainieren. Dabei helfen Dir auch die Netzwerkstrategien und Dein Appetizer.

Lieber Leser, die persönliche Weiterempfehlung ist der beste Weg zu neuen Kunden überhaupt und Du kennst nun die besten Techniken, um empfohlen zu werden. Herzlichen Glückwunsch, Du hast es geschafft.

Leg los und werde erfolgreich!

Möchtest Du das gemeinsam mit anderen tun? Dann lass uns zusammen loslegen. In regelmäßigen Abständen findet mein Ganztagesseminar Empfehlungsexplosion statt. Hier triffst Du einen ganzen Raum voll PiGeiLeons und motivierter Unternehmer, die es werden wollen. Die wichtigsten Techniken aus diesem Buch werden praktisch vertieft, sodass Du sie noch leichter umsetzen kannst.

Dies ist übrigens genau die richtige Veranstaltung, um Deine Netzwerkpartner mitzunehmen. Denn wenn die bessere Netzwerker werden, können sie Dich besser empfehlen, richtig?

Die aktuellen Termine findest Du auf www.topp-vernetzt.de/live

Ich freue mich auf das persönliche Kennenlernen mit Dir!

Ganz zum Schluss habe ich noch ein besonderes Angebot, das nur für wenige Leser dieses Buches in Betracht kommt: Wie schon in Kapitel 10 beschrieben ist der beste Weg zum ganz großen Erfolg der Aufbau eines eigenen Netzwerks, in dem Du der Mittelpunkt bist. Ein optimaler Weg, um das zu erreichen, ist ein MasterMindClub in Deiner Stadt, in dem Du selbst Unternehmer zu Netzwerkern ausbildest.

Auf diese Weise hast Du bald nicht nur ein Dutzend Elite Netzwerker um Dich herum. Diese Partner sind Dir auch maximal dankbar und bemüht, Dir in Form von Neukunden etwas zurückzugeben. Gegenwärtig (Stand November 2018) befinden sich drei MasterMind-Trainer in der Ausbildung. Es gibt einen hohen Qualitätsstandard und die Ausbildung ist mit Aufwand verbunden. Wenn Du wirklich einen Unterschied im Leben von Menschen machen möchtest und Dich für deren Erfolg zu 100% verpflichtest, dann bewirb Dich auf:

www.mastermindclub.de/trainer

Andreas Klar
Der Business-Mentor Nr.1

Vorwort

www.andreas-klar.com

Walter Stuber
Der Mutmacher

Wunschkunden
Seite 144

www.spezialgeruestbau.de

Mark Wolf
Der EDV-Verhinderer

Der entscheidende Unterschied
Seite 128

www.sicherheitsexperten.team

Marco Fehl
Der Zukunftsmensch

FEHLer als Erfolgsbeschleuniger
Seite 54

www.team-marcofehl.de

Siggi Heyne
Der ZeitSchmied

Motto: "Wer gibt gewinnt"
Seite 238

www.KlickDichEin.de

Dr. Johannes Ripken
Der App-Provider

Smarte Beziehungspflege
Seite 218

www.tamanguu.de